U0242269

# 别莱利曼的趣味代数学

（俄）雅科夫·伊西达洛维奇·别莱利曼 / 著
文 丽 / 译

石油工業出版社

图书在版编目（CIP）数据

别莱利曼的趣味代数学/（俄）雅科夫·伊西达洛维奇·别莱利曼著；文丽译.—北京：石油工业出版社，2017.5
ISBN 978-7-5183-1711-0

Ⅰ.①别… Ⅱ.①别… ②文… Ⅲ.①代数—普及读物 Ⅳ.①O15-49

中国版本图书馆CIP数据核字（2016）第312488号

别莱利曼的趣味代数学

（俄）雅科夫·伊西达洛维奇·别莱利曼/著　文丽/译

出版发行：石油工业出版社
（北京安定门外安华里2区1号楼　100011）
网　　址：http://www.petropub.com
编 辑 部：（010）64523643　图书营销中心：（010）64523633
经　　销：全国新华书店
印　　刷：北京晨旭印刷厂

2017年5月第1版　2017年5月第1次印刷
880×1230毫米　开本：1/32　印张：8
字　　数：180千字

定　　价：29.80元
（如发现印装质量问题，我社图书营销中心负责调换）
版权所有，翻译必究

# 前言

我们从来都不需要去质疑孩子们的好学精神，尽管有些小家伙宁可在外面游荡，也不愿意坐在教室里安静地听课。我想，他们之所以不喜欢听那些繁琐的科学知识，一定是因为我们讲得还不够有趣，不足以抓住他们的心。

的确，科学的世界非常神秘，以至于我们对它还只是一知半解，所以各种各样的学科知识听起来是那样无趣和艰涩。然而人类的实际生活却离不开它们，诸如代数、几何、物理、化学、天文，等等。那么，怎样才能让孩子们心甘情愿地走进这些学科的世界呢？无非就是引发他们的兴趣而已。

其实，科学远远不如我们想象中的那么难，它寓于生活，寓于娱乐，寓于文学，寓于大自然。比如，凡尔纳和威尔斯的科幻小说到底藏了多少秘密、能够千变万化的万花筒、可以让人的身高不断变换的石板、会飞行的植物、聪明的地板商如何让自己赚最多的钱等，这些现象都是含有深刻的物理和数学原理，可以用科学知识来解答。但是，你会在听到它们之后还摆出一副不感兴趣的样子么？

如果你能从生活当中抓出这些有趣的事情讲给孩子们，并把原理解释给他们听，我想他们一定会追着你，变成小科学迷。

每个孩子都抵抗不了奇谈、趣闻和故事的诱惑。在文学和历史的世界里，他们都能聆听到许多引人入胜的故事，但事实上，科学世界里同样也很精彩。我将过去所看过的书籍、听到的趣事以及人生经历中有关科学的现象和内容都写在了这里。现在，就让我们来用科学的原理、准确的公式和智慧的头脑把它们的秘密解开吧。真相永远只有一个，不是么?

我相信，兴致勃勃地要求学习知识远比被父母勒令去学习要好玩得多。当然，有太多科学谜底值得我们去挖掘，科学技术也在不断发展和变化，我穷尽一生都不可能将之完全展现出来，也不可能全部解答。我只希望笔下这些文字能给孩子们带去一些乐趣，也让他们的智慧更加丰腴。

# 目 录

## 第一章 第五种运算——乘方

## 第二章 有远见的方程——代数的语言

## 第三章 算术的助手——神奇的速乘法

## 第四章 数学里暗含的玄机——不定方程

## 第五章 代数上演的滑稽剧——开方和二次方程

## 第六章 数学的世界，尽头在哪里——最大值和最小值

## 第七章 有趣的无穷多——级数



## 第八章 生活中数学的影子——第七种运算“对数”

# 第一章

## 第五种运算——乘方

## 1.1 乘方：七种运算中的第五种

每一种新的运算都是根据实际生活的需要产生的，乘方也不例外。在日常生活的实际计算中，我们经常会遇到乘方：计算面积时要用到二次方；计算体积时要用到三次方。除此之外，万有引力、静电作用、磁性作用、光、声等的强弱也与距离的二次方成反比。

同时，在行星围绕太阳和卫星围绕行星旋转的过程中，旋转的周期和它们与旋转中心的距离也是用乘方的关系联系的：旋转周期的二次方和与旋转中心距离的三次方成正比例关系。

代数之所以又被称为“有着七种运算的算术”，就是因为在代数中，除了有人人都知道的加减乘除四种基本运算之外，还增加了乘方以及它的两种逆运算。

我们现在就从代数的“第五种运算”——乘方开始，谈一谈关于代数的一些问题。

二次方和三次方在我们的生活中非常常见，但是更高次的乘方也不是只在代数练习中存在。工程师在计算各种材料的强度时，经常要用到四次方。而例如蒸馏管的直径等一些其他的运算，甚至要用到六次方。水利学家在研究流水冲击石块的力量时通常要用到六次方。例如，一条河的流速是另一条河的 4 倍，那么流得快的那条河的河水冲击河床上的石子的力量就是流得慢的那条河的 $4^6$ 倍，即 4096 倍[1]。

为了研究像电灯泡中的灯丝那样炽热的物体的亮度和温度之间的关系，我们还需要用到更高次的乘方。物体在白热的情

[1] 有关这方面的详细介绍参见别莱利曼所著《趣味力学》第九章。

况下，总亮度依温度增高速度的 12 次方倍增加（这里所说的温度指的是从 –273℃算起的“绝对温度”）。而在赤热的时候，这个倍数将达到 30 次方倍。也就是说，在绝对温度下，将物体从 2000K 加热到 4000K，即将温度增加到原来的 2 倍，那么物体的亮度就增强到了原来的 $2^{12}$ 倍，也就是 4000 多倍。总亮度随温度所发生的变化在灯泡的制造中有着非常重要的意义，关于这点，我们后面会继续讲解。

## 1.2 第五种运算的便利

在对宇宙的研究中，天文学家们经常会遇到一些非常巨大的数字，这种数字通常只有一两位的有效数字，后面添加的是长长的一串 0。像这种数字一般都被我们称为“天文数字”，天文数字写起来非常不方便。也正是这种原因，天文学家对乘方这种数学运算的运用非常广泛。

拿地球到仙女座星云的距离来说，如果使用普通的写法来写的话，就是：

950000000000000000000 千米

这个数字写起来就够麻烦了。但是由于在天体计算中，千米是过大的单位，研究者们通常并不是用千米来表示天体间的距离的，而是用厘米来作为单位。于是，在计算过程中，上面的数字后就要再添加 5 个 0：

9500000000000000000000000 厘米

这个数字非常庞大，但是跟恒星的质量还是没法比。在天文计算中，恒星的质量是以克为单位的。当以克为单位时，太阳的质量用数字表示出来就是：

1983000000000000000000000000000000克

很明显，如果我们用这么大的数字进行计算，不仅非常复杂，而且很容易出错。况且比上面我们提到的天文数字大得多的数字还有很多。

其实只要使用乘方，我们计算过程中所遇到的这些困难很容易就能得到解决。凡是1后面带着一些0的数字，我们都可以用10的若干次方来表示：

$$100 = 10^2$$

$$1000 = 10^3$$

$$10000 = 10^4$$

……

如果将我们前面所列举的那些天文数字用乘方来表示，就能写成如下的形式：

地球到仙女座星云的距离　$95 \times 10^{23}$厘米

太阳的质量　$1983 \times 10^{30}$克

这种表示方法不仅可以节约地方，而且计算起来也更加方便。当我们想把上面两个数乘起来的时候，只需要用乘法算出$95 \times 1983=188385$，然后再在后面写上因数$10^{23+30}=10^{53}$就可以了。整个计算过程如下：

$$95 \times 10^{23} \times 1983 \times 10^{30} = 188385 \times 10^{53}$$

这样的计算方法比直接拿一个有23个0的数字乘上一个有30个0的数字要方便得多。而且这种方法会更可靠，因为当0的数量非常多时，我们就不可避免地会出现一些漏写的情况，这样得出的结果也是有问题的。

## 1.3 地球的质量是空气质量的多少倍

为了让你相信用乘方的形式表示大数确实能使计算变得简单，下面我们来做一个计算：求出地球的质量比它周围空气的总质量要大多少倍。

学过物理的人都知道，空气在地球表面所形成的压力为每平方厘米约 1 千克。这就是说，支撑在地球每平方厘米表面积上的大气柱的质量约为 1 千克。如果我们把包围在地球周围的大气层看成是由一根根大气柱组成的，那么以平方厘米为单位计算地球的表面积，所得到的结果就是大气柱的总数量——也就是以千克为单位时的大气层总质量。通过翻阅资料，我们很容易就能了解到，地球的表面积是 51000 万平方千米，也就是 $51\times10^7$ 平方千米。

1 千米等于 1000 米，1 米又等于 100 厘米，由此我们不难得出，1 千米等于 $10^5$ 厘米。这样，我们很容易就能算出，1 平方千米等于 $10^{10}$ 平方厘米。由此，地球的表面积为：

$$51\times10^7\times10^{10}=51\times10^{17} \text{ 平方厘米}$$

如果用千克来计算包围着地球的大气质量，则与这个数字相等。下面我们把大气的质量用吨来表示，那么就是：

$$51\times10^{17}\div1000=51\times10^{17}\div10^3=51\times10^{17-3}=51\times10^{14} \text{ 吨}$$

而地球的质量为：

$$6\times10^{21} \text{ 吨}$$

由此，我们可以通过除法来计算出地球的质量是它周围空气总质量的多少倍：

$$6\times10^{21}\div(51\times10^{14})\approx10^6$$

这就是说，地球的质量约等于它周围空气总质量的一百万倍。

## 1.4　木柴和煤在平常温度下也可以燃烧

化学反应定律告诉我们，化学反应的速度与温度有着密切的关系。任何温度下，化学反应都在发生，只是当温度降低10℃的时候，由于能够参与化学反应的分子数量减少到原来的一半，这时化学反应的速度也就降低到了原来的一半。由此我们不难知道，碳元素和氧元素在任何温度下都能发生化合反应，只是在不同温度下，反应的速度也不一样，也就是说木柴和煤不只能在高温下燃烧，它们在常温下也是一直在燃烧的，只不过燃烧的速度非常缓慢。

下面我们就运用上面所说的反应定律来研究一下木柴燃烧的过程。

首先，我们假设在600℃的温度下，烧掉1克木柴所用的时间为1秒，那么当温度降到20℃的时候，烧掉1克木柴所用的时间是多长呢？

由题意知，温度降低了580℃，也就是以每次10℃的速度降低了58次。由于温度每降低10℃，反应速度变为原来的一半，所以当温度由600℃降到20℃时，反应速度降低到了原来的$(\frac{1}{2})^{58}$，此时燃烧1克木柴所用的时间就延长到了原来的$2^{58}$倍。也就是燃烧1克木柴要用$2^{58}$秒。

由于　$2^{10}=1024\approx10^3$

所以　$2^{58}=2^{60-2}=2^{60}\div2^2=\frac{1}{4}\times2^{60}=\frac{1}{4}\times(2^{10})^6\approx\frac{1}{4}\times10^{18}$

再加上一年约有$3\times10^7$秒，

因此

$$(\frac{1}{4}\times10^{18})\div(3\times10^{7})=\frac{1}{12}\times10^{11}\approx10^{10}$$

所以，在20℃的温度下，燃烧1克木柴所用的时间为$10^{10}$年，也就是一百亿年。据此我们不难推断，每年燃烧的木柴的质量为$(\frac{1}{10})^{10}$克，也就是一百亿分之一克。这么缓慢的反应速度，我们当然没有办法感觉到了。

## 1.5 天气阴晴变化的概率

**[题]** 如果我们忽略其他变化，只把天气分为晴天和阴天两种情况，那么从一周的天气变化情况来看，最多会有多少周的天气变化可以完全不同呢？

很多人觉得这个时间不会很长，最多七八周之后，所有阴晴组合就基本都有了。但是事实真的是这样吗？下面我们就借助第五种数学运算——乘方来确切地计算一下。

**[解]** 首先，我们把这个问题转化为求一周的阴晴变化有多少种组合形式。

由于每一天的天气都有两种可能：阴天和晴天。第一天有两种可能，第二天也是一样，所以，前两天的天气情况会有$2^2$种不同的组合。第三天的两种组合又可以与前两天的四种组合的任意一种结合，所以前三天就有了$2^2\times2=2^3$种组合方式。第四天、第五天……直到第七天，情况都与第三天相似，这样，我们很轻易就能推算出一周中有$2^7$，也就是128种不同阴晴组合方式。

这也就是说，从一周的天气变化情况来看，最多可以连续

128 周，天气变化情况完全不同。按照自然规律来说，重复很可能在很早的时候就开始出现了。我们所计算出的 128 周是个最大期限，在这个期限内，虽然概率很小，但还是存在不重复的可能。过了这个期限之后，重复的出现就成为不可避免的事情了。

## 1.6　破解锁的密码

[**题**] 有这样一个仅有钥匙打不开的保险柜。要想打开它，必须要知道锁的密码。保险柜的门上有 5 个环，每个环上都有 36 个字母。只有把五个环上的字母排列成作为保险柜密码的某一个单词，门才能被打开。没有人知道这个作为密码的单词是什么，为了不损坏柜子，我们决定把所有环上的所有字母的一切组合都试一次。现在，假设每搭配成一个组合要用 3 秒钟。

那么，想在最近 10 个工作日内把这个保险柜打开，可以实现吗?

[**解**] 我们可以先来计算一下，所有环上的所有字母的组合共有多少种。

由于第一个环上的任意一个字母可以跟第二个环上的任意一个字母进行组合，所以，前两个环上字母的组合情况有

$$36\times36=36^2\text{种}$$

这些组合中的任意一种都可以与第三个环上字母中的任意一个进行搭配。因此前 3 个字母的组合可能有

$$36^2\times36=36^3\text{种}$$

依据同样的原理，我们不难推断，4个字母的组合数目是$36^4$种，而5个字母的组合数是$36^5$种，也就是60466176种。假如以每3秒一个组合的速度来试，并且想把这6000多万种组合形式都试上一遍，基本就需要：

$$3 \times 60466176 = 181398528 \text{ 秒}$$

这个数字相当于50388个小时，如果按每天工作8小时计算，那么要做完这些工作，需要6300个工作日，也就是差不多20多年。

所以，在10个工作日内将柜子打开的概率非常小，大概只有10/6300，也就是1/630。

## ◢ 1.7 “不会倒霉”的自行车

［**题**］以前，自行车也有一个6位数字的牌照号。有个迷信的人买了一辆自行车，他非常不希望自己的车牌中出现“8”这个数字。为了知道碰到这个数字的概率，他进行了一些计算。他认为组成车牌的数字有10个，而“8”只是其中的一个，因此，遇到“8”的概率应该只有十分之一。

真的是这样吗？

［**解**］自行车的车牌号共有6位，每一位都有从0到9的10种选择，排除6位同时为0的情况之后，剩下的所有数字就都能作为车牌号了。因此，自行车的车牌号一共有999999个，从000001到999999。现在我们来算一下在这么多的号码中，有多少是不含8的“幸运号”。

车牌号的前两位中，每一位数字都可以是0、1、2、3、4、

5、6、7、9这9个“幸运”数字中的任意一个。因此，对于车牌号的前两位来说，存在着9×9=81种“幸运数”的组合。由于后面的任一位都可以是9个“幸运”数字中的任何一个，所以，我们可以求出，6位的车牌号一共有9种“幸运数”的组合。

去掉其中6位同时为0的情况之后，自行车牌照就有531440种“幸运数”的组合，这个数字占到所有号码的53%多点，所以出现“倒霉号”的概率其实有近47%，这个数字远远大于骑车人所预估的10%。

如果车牌号是7位的话，那么“倒霉号”出现的几率甚至比“幸运号”还要大，这个结论利用我们上面所用的方法很容易就能证明出来。

## 1.8 草履虫像太阳一样大需要多长时间

有时候，一个很小的数，如果用2累次乘它，所得的结果会迅速变大，国际象棋发明人获奖的传奇故事就是一个经典的事例。下面，我们再来看另一个大家可能不太知道的例子。

[**题**] 草履虫平均每27小时分裂一次，每分裂一次，原来的一个就会变成两个。假如所有以这种方式分裂而来的草履虫都能够存活，那么，一个草履虫分裂40代之后，它所有的后代所占的体积为1立方米。现在，已知太阳的体积为$10^{27}$立方米。问：需要多长时间才能让一个草履虫繁殖出来的后代占据的体积像太阳那么大?

[**解**] 根据上面所给出的条件，我们不难将这个问题转化为，1立方米需要用2累乘多少次才可以达到$10^{27}$立方米这个体积。

因为$2^{10}\approx 1000$，所以，我们可以把$10^{27}$写成：

$$10^{27}=(10^3)^9\approx(2^{10})^9=2^{90}$$

1立方米需要用2累乘90次才能达到$10^{27}$立方米这个体积。据此可以得出结论：一只草履虫要经过130次的分裂，才能达到$10^{27}$立方米这个体积。我们知道，草履虫平均每27小时分裂一次，由此可以计算出，分裂130次所需的时间：

$$27\times 130=3510\text{ 小时；}$$

而由于每天有24个小时，所以把这个时间换算为天数，即

$$3510\div 24\approx 146.25\text{ 小时}\approx 147\text{ 天}$$

也就是说，草履虫在第147天可以分裂出第130代子孙。这时，它的所有后代的总体积跟太阳一样大。

据我们了解，有一位微生物学家确实观察到了一个分裂了8061次的草履虫。这时，你不妨根据刚才的计算方法来计算一下，如果这个草履虫的后代都成活了，那么要占据多大的体积？

接下来，来看一个类似的问题：

我们如果拿一张纸，将它对半裁开，然后再把得到的半张又对半裁开，这样一直裁下去，裁多少次之后能得到跟原子一样大的纸张？

我们假设一张纸重1克，而原子的重量是$\left(\frac{1}{10}\right)^{24}$克。由于

$$10^{24}=(10^3)^8\approx(2^{10})^8=2^{80}$$

所以，只要对裁80次就可以了。而通常人们估计要达到这样的目标要裁几百万次。

同样的，我们把刚才关于草履虫和太阳的问题反过来问：

如果太阳分裂成两个，其中的每一半又分裂成两个，这

样一直分下去，假设分的过程中是平分，而且总的体积是不变的，那么经过多少次分裂，能得到像草履虫大小的粒子？

虽然经过前面的计算我们已经知道了答案—— 130 次，但是我们还是会因为这个数目这么小而感到吃惊。

## 1.9　快一百万倍的触发器

触发器是一种装有两个电子管的电子装置，触发器中所装的电子管和收音机的电子管差不多。当电流流入触发器中时，它只能从左边的电子管或者右边的电子管中通过，也就是说，它只能通过一个电子管。

触发器一共有四个触点，其中两个是用来从外部接收一种叫做脉冲的短暂电信号，而另外两个则是用来从触发器输出回答脉冲。接收到外部输入脉冲的瞬间，触发器会改变状态，发生“翻转”，这时候，原来导通的电子管闭锁，电流开始从另外一个电子管流过。在右边的电子管闭锁，左边电子管导通的瞬间，触发器从接触点输出回答脉冲。

当右边的电子管闭锁时，我们说触发器的状态为“状态0”；当右边的电子管导通时，我们说触发器的状态为“状态1”。那么在连续给触发器输入几个脉冲时，触发器是怎样工作的呢？

假设一开始时左边的电子管是导通的，也就是说触发器一开始时处于 0 状态（图 1）。第一个脉冲通过后，左边的电子管将会变为闭锁状态，即触发器翻转成状态 1。这时候，触发器不发出回答脉冲。第二个脉冲之后，左边的电子管疏通，触发器重新回到状态0。这时触发器输出回答脉冲。

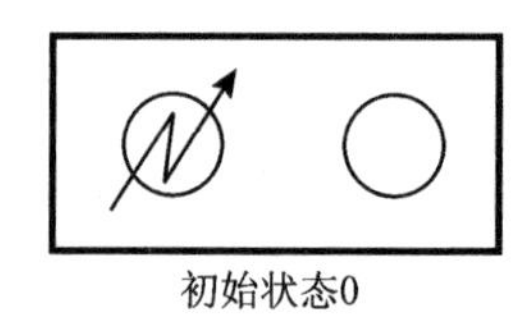

初始状态0

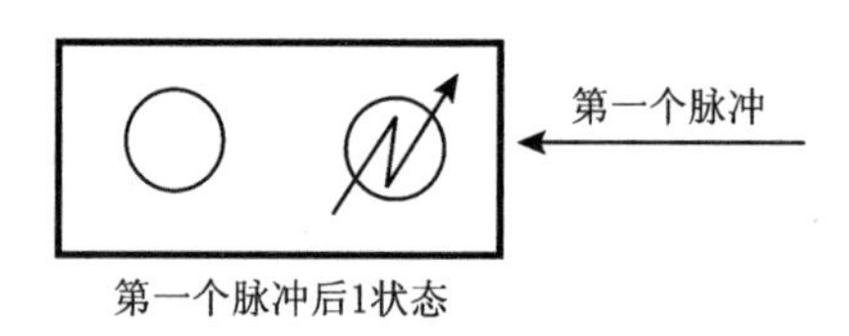


第一个脉冲后1状态

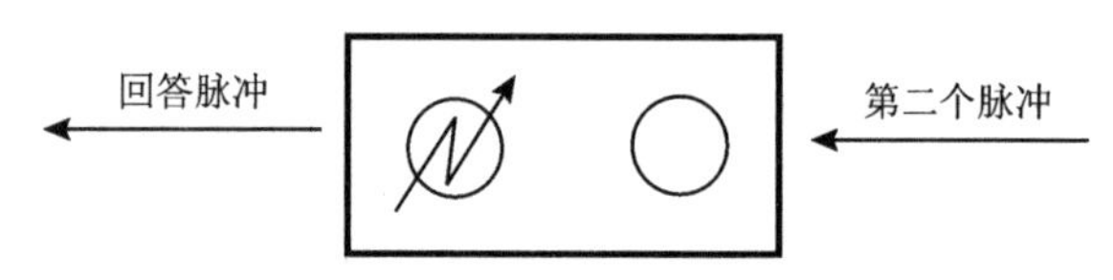


第二个脉冲后状态为0同时输出回答脉冲

图1

这样，触发器在经过两个脉冲之后，重新回到初始状态。第三个脉冲和第四个脉冲的情况跟第一个脉冲和第二个脉冲一样。后面都是如此循环往复的。在每两个脉冲之后，触发器输出一次回答脉冲。

现在我们假设有好几个触发器。把外来的脉冲信号加到第一个触发器上，然后把第一个触发器的回答脉冲加到第二个触发器上，第二个触发器的回答脉冲加到第三个触发器上，按照图 2 这样的顺序依次连接，之后，我们来看一下这几个触发器是怎样工作的。

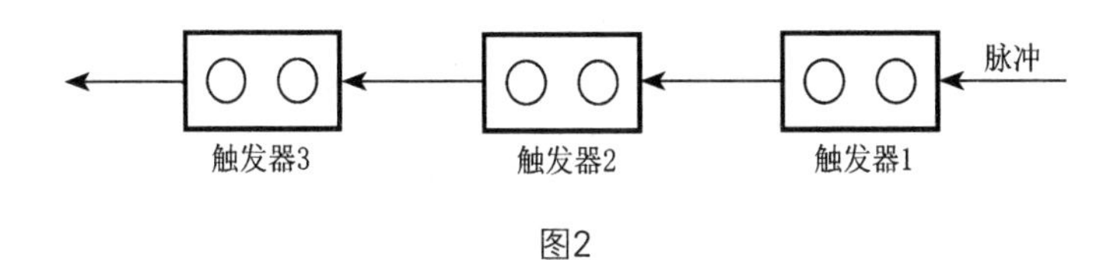


图2

假设一共有 5 个触发器，将所有触发器的初始状态都设为 0，那么初始时的组合就是 00000。现在，对这组触发器加第一个脉冲，这时，第一个触发器转换到状态 1。由于此时第一个触发器没有回答脉冲，所以，其他触发器仍然处在状态 0。此时这一组触发器形成的组合就是00001。在第二个脉冲之后，第一个触发器发生翻转，变回状态 0，它发出的回答脉冲接通第二个触发器，第二个触发器变为状态 1，其余的触发器依然处于状态0。这时，触发器的组合就变成了 00010。

接着第一个触发器又接收到了第三个脉冲，这时它变为状态 1，由于没有发出回答脉冲，其余的触发器状态不变，这时的组合就是 00011。在第四个脉冲后，第一个触发器翻转，并发出回答脉冲，第二个触发器由于第一个触发器的 00 脉冲作用也发生翻转，并发出回答脉冲，第三个触发器因此而被接通并发生翻转，变为状态1，此时的组合就是00100。

按照这样一直下去，可以得到下面的结果：

第一个脉冲　组合00001

第二个脉冲　组合00010

第三个脉冲　组合00011

第四个脉冲　组合00100

第五个脉冲　组合00101

第六个脉冲　组合00110

第七个脉冲　　组合00111

第八个脉冲　　组合01000

……

在二进制计数法中，所有的数都以 0 和 1 表示，后一位上的 1 是前一位上的 1 的 2 倍。将二进制数转化为十进制数时，只需要从右到左用二进制的每个数去乘以 2 的相应次方，然后将所得的结果相加就可以了。需要注意的是，次方要从0开始，从右到左每次增加 1。例如，二进制数 10011 转化为十进制以后就是$1+2+16=19$。

通过观察上面的组合，我们不难发现，这些触发器以二进制计数法“记录”了从外面输入的脉冲的次数。我们应该注意的是，触发器每翻转一次，就会记录一个输入进来的脉冲，而这整个过程所需要的时间不过一亿分之几秒！现在的计数触发器每秒钟能够“计算”出 1000 多万个脉冲。对于人来说，我们的眼睛最快只能来得及识别每隔0.1 秒出现一次的信号，所以，计数触发器的速度比人不用任何仪器计数要快100万倍。

假如把 20 个触发器按照我们前面所说的方法连接在一起，那么它就能记录不超过二进制的二十位的数目的输入信号。也就是它可以“计数”到$2^{10}-1$，这个数字大于100万。而当我们把 64 个触发器连在一起时，就可以利用它来记录著名的“象棋数字”了。

高速计数对于核物理的实验研究有着十分重大的意义。比如原子裂变时释放出来的各种粒子的数目就可以用这种方法来计算。

## 1.10　国际象棋的所有走法

下国际象棋一共会有多少种走法呢?

假设我们先让黑子开始走，由于黑子和白子各有 2 个马，8 个卒，而马和卒都有两种走法，所以，黑子第一步共有 20 种不同的走法。而黑子走完第一步之后，为了对应它，白子也有 20 种不同的走法。也就是说，让白子和黑子各走一步，能够出现400种不同的棋局。

而第一步走完之后，可能出现的走法就更多了。例如，白子如果第一步走的是 E2 —E4，那么它第二步的走法就有 29 种，再往后就更多了。单拿皇后这一个子来说，如果它占的是 D5 格，那么如果它所有的出路都是空格，它的走法就有 27 种。为了计算方便，我们用平均数来计算：

假设每局棋双方各走 40 步，而且在前五步各有 20 种走法，接下来，每步各有 30 种走法。那么我们就很容易计算出可能出现的棋局的数目，计算方法如下：

$$(20\times20)^5\times(30\times30)^{35}$$

简化上面的式子，求出近似值：

$$(20\times20)^5\times(30\times30)^{35}=20^{10}\times30^{70}=2^{10}\times3^{70}\times10^{80}$$

由于，$2^{10}$ 约等于 1000，即 $10^3$，所以，$3^{70}$ 也可以写成：

$$3^{70}=3^{68}\times3^2\approx10\times(3^4)^{17}\approx10\times80^{17}=10\times8^{17}\times10^{17}$$
$$=2^{51}\times10^{18}=2\times(2^{10})^5\times10^{18}\approx2\times10^{15}\times10^{8}=2\times10^{33}$$

结果得出：

$$(20\times20)^5\times(30\times30)^{35}\approx10^3\times2\times10^{33}\times10^{80}=2\times10^{116}$$

这是比利时数学家克赖奇克在他的著作《游戏的数学和数学的游戏》一书中对棋盘上可能出现多少种不同的棋局所进行的计算。他所得出的结果可比传说中赏给象棋发明人的麦粒数（$2^{64}-1 \approx 18 \times 10^{18}$）多得多了。如果所有人都来日夜不停地下棋，而且每秒钟能走一步，那么要想实现所有可能出现的棋局，至少需要用$10^{100}$个世纪。

## 1.11 自动下棋机隐藏的秘密

棋盘上棋子之间不同组合的数目几乎无以数计，但是即便是这样，在历史上也曾出现过自动下棋机。听到这个你一定非常惊讶，过去的人们是如何做出这样一种能下棋的机器的?

过去，人们相信一定会有这样一种机器，能真正自动地下棋。在这种情况下，自动下棋机应运而生。有一架自动下棋机非常有名，甚至连拿破仑都忍不住要跟它一决高下。它的发明者匈牙利机械师沃里弗兰克·冯·坎别林曾经带着它四处展览，它的足迹曾经到达过奥地利、俄罗斯、巴黎、伦敦等地方。直到 19 世纪中期，这台久负盛名的自动下棋机在美国费城的一场大火中被烧毁。

其实那时根本没有什么自动下棋机，大家认为是自动进行运算的下棋机其实都是骗人的。但人们始终对自动进行有效运算的机器的发明抱有十足的信心。而且在以后的岁月里这种信心丝毫不减。下面我们就以沃里弗兰克·冯·坎别林所发明的下棋机为例，谈一谈当时的自动下棋机的构造问题。

这台自动下棋机其实是一个装满了复杂机械装置的大箱

子。棋局开始之前，为了让观众相信里面除了机器零件之外，别无他物，自动下棋机一般会被打开。人们会看到里面有全套的棋盘、棋子以及那些复杂的机械装置。看到箱子内部的陈列之后，人们就开始期待精彩的表演了。但是谁也没有想到，箱子里其实藏着一个棋手。展示箱子的时候，他悄悄移动，躲在那些用来掩饰棋手的机械装置的后面，这样就很不容易被发现。著名的棋手约翰·阿尔盖勒和威廉·刘易斯都曾藏在箱子里面跟人下过棋。

通过上面的叙述，我们可以得知：可能出现的棋局太多太多了，能够自动进行运算的下棋机并不真正存在，它们只是一些机械师想出的骗人的把戏。所以，我们完全不用担心自己的棋艺会受到这种机器的威胁。面对我们复杂多样的走法，能够自动应对，并作出完美选择的机器只存在于幻想之中。

但是，近年来随着科技的迅速发展，很多人的棋艺确实开始受到机器的威胁。现在确实有了自动下棋机。这种会“下棋”的机器其实就是我们前面所提到的运算能力非常强的计算机。

计算机只会根据事先编好的程序，按照一定的步骤进行数据的运算，别的什么都不会做。所以要想让计算机“下棋”，首先就必须要根据下棋的战术，写出程序。下棋的战术可以理解为下棋过程中走棋的规则。这套规则必须能够为每个棋子的每个位置选择出最好的走棋路线。这部分一般都由数学家完成。

下面就是一个给每个棋子规定了特定分值的战术：

国王………………+200分　　卒……………………+1分

皇后………………+9分　　落后卒………………–0.5分

车…………………+5分　　被困卒………………–0.5分

象…………………+3分　　并卒……………………−0.5分

马…………………+3分

除了规定分值之外，诸如棋子是否位于中心位置，棋子的灵活性等，也可以用来判断棋子所在位置的优劣，位置的优势占不到一分。将白子的总分减去黑子的总分，所得的差数如果是正的，那么就是持白子的一方暂时占有优势，如果是负的，则证明持黑子的一方暂时占有优势。从这种差数就能看出双方在阵容上的优劣。

由于计算机的运算速度非常快，所以它走一步棋所用的时间很短，因此在下棋过程中，我们不必担心会出现“时间不足”的现象。计算机在下棋的过程中，会通过计算来判断在三步之内怎样使这种差数的改变值最大。然后从这三步所有可能的走法中选择一个最佳方案，在专门的卡片上将它打印出来。这样，“一步棋”[1]就算走完了。

一个高水平的棋手应该可以提前“想出”10步棋甚至更多。所以，提前“想出”三步棋走法的机器只能算是一个初级的玩家。但是我们也不要灰心，因为计算机的“棋艺”势必会随着计算机技术的发展而发展，所以，可能用不了多久，这个初级的玩家就发展成高水平的“棋手”了。

由于可能出现的棋局非常多，所以关于“下棋”的编程

---

[1] 这只是下棋过程中所运用的诸多战术中的一种。除此之外，还有许多其他的战术，比如，有时在下棋过程中，棋手更关注的是对手诸如吃子、将军、进攻、防守等“关键”步的走法，而不是过多地去考虑对手回棋的可能走法。遇到比较强劲的对手时，棋手也不只会算出三步的最佳方案。另外，棋子的分值也不只有这一种表示形式，随着战术的变化，计算机的“下棋风格”也不断发生着变化。

问题应该非常复杂。但是为了让大家更好地了解计算机“下棋”的秘密，我们会在下一章里向大家介绍一些最简单的计算机程序。

## 1.12　三个2怎样排列得出的数最大

**[题]** 不知道你有没有见过第三级“超乘方”，如果我们把三个 摆成下列的形式：

$$x^{x^{x}}$$

那么所得的数字就是$x$的第三级“超乘方”。9 的第三级“超乘方”是一个大得超乎我们想象的数字。甚至连宇宙之间的天文数字跟它比起来都不算什么。

现在有三个 2，在不使用任何运算符号的情况下，请问以什么方式组合，所得的数字最大？

**[解]** 我们前面说了，9 的第三级“超乘方”是一个大得不可思议的数字，如果你被这个数字干扰，从而认为 2 的第三级“超乘方”是三个 2 在不使用任何运算符号的情况下，所能得到的最大的数，那就错了。

通过计算，我们不难得出：

$$2^{2^{2}}=2^{4}=16$$

这个数字甚至还没有 222 大，它显然不是我们要求的结果。那么我们所求的结果应该是什么呢？

我们可以计算一下其他摆法：

$$2^{22}=4194304$$

$$22^{2}=484$$

根据计算结果，很明显，我们可以看出$2^{22}$应该是三个2在不使用任何运算符号的情况下所能得到的最大的数字。

通过这样一道题目，我们可以明白，我们不能用类推的方法去做所有的数学题，因为有时候这种方法所得的结论是不正确的。

## 1.13 三个3怎样排列得出的数最大

我们已经知道不能用简单的类推法去解所有的数学题，现在，想办法解一解下面这道题吧。

[题] 三个3在不使用任何运算符号的情况下，应该以怎样的方式组合，所得的结果最大？

[解] 我们依然可以先试一下上面提到的第三级“超乘方”，但是，所得到的结果显然不符合要求，因为

$$3^{3^3}$$

即$3^{27}$，明显要比$3^{33}$小。所以，$3^{33}$才是这个问题的正确答案。

## 1.14 三个4怎样排列得出的数最大

[题] 在不使用任何运算符号的情况下，请问以什么方式组合三个4，所得的数字最大？

[解] 此时，如果我们根据三个2和三个3的摆法来推理的话，得到的答案将是

$$4^{44}$$

这个答案显然是不对的。因为4的第三级“超乘方”：

$$4^{4^4}$$

恰好是所有摆法中最大的。因为 $4^4=256$，256 显然要比 44 大，所以 $4^{256}$ 要比 $4^{44}$ 大。

由此，可以知道，当三个 4 以这样的方式组合时，所得的数是最大的。

## 1.15　三个相同的数字得出的最大数

为什么有的数用三层摆法得出的结果最大，而另外一些却不是呢？现在我们来深入地讨论一下这种让人迷惑的现象，先从普遍的情形开始分析。

［**题**］在不使用任何运算符号的情况下，请问三个相同的数字以什么方式组合，所得的结果最大？

设三个相同的数字为 $a$，那么，当 $a$ 取 2、3、4 时，所得的最大数字可以表示为 $a^{10a+a}$，也就是 $a^{11a}$

而同样的一个数字，写成它的第三次“超乘方”则是

$$a^{a^a}$$

那么要求 $a$ 是什么数值的时候，用三层摆法所得到的数字 $a^{a^a}$ 会大于 $a^{11a}$？由于这两个式子是以同一个数字做底数的乘方，所以我们只需要比较它们指数的大小就行，指数越大，整个乘方的值就越大。现在让我们计算一下，在什么情况下 $a^a$ 的值会大于 $11a$。

要使 $a^a>11a$，只需将不等式的两端同时除以 $a$，这样就可

以得到如下不等式：

$$a^{a-1}>11$$

因为

$$4^{4-1}>11$$

而 $3^2$ 和 $2^1$ 都小于 11。所以，通过解上述不等式可知，只有 $a$ 的值大于3时，$a^{a-1}$才会比11大。

现在解决了在解答前面几道题时所碰到的那个让人迷惑的问题。具体说到这一道题，则当数字是 2 和 3 时，用 $a^{11a}$ 所摆出的数字最大，而当数字大于等于 4 时，就要用三层摆法来摆了。

## 1.16 四个1所能写出的最大数

[**题**] 在不使用任何运算符号的情况下，四个 1 以什么样的方式组合，所得的结果最大?

[**解**] 由于任何数的 1 次方都与它本身相等，所以在解答这道题目的时候，我们很容易觉得 1111 就是所要求的最大结果，但这个结果其实是错误的。之所以出现这样的错误是因为我们忽略了另一个数字 —— 11 。

显然，$11^{11}$ 要比 1111 大很多很多。求这个数值的大小时，我们可以借助对数表，利用对数表可以很快地查出这个数字的近似值。因为大部分的人显然都没有耐心拿 11 累乘10次。

$11^{11}$是个非常庞大的数字，甚至比2850亿还要大，也就是说，它比1111的25000万倍还要大。

## 1.17　四个2所能写出的最大数

［**题**］下面我们对前面这道题目做一点延伸：

当有四个2时，我们要怎么摆，才能得出最大的数字呢？

［**解**］四个2一共能产生8种摆法，即：

$$2222，222^2，22^{22}，2^{222}$$

$$22^{2^2}，\quad 2^{22^2}，\quad 2^{2^{22}}，\quad 2^{2^{2^2}}$$

下面我们就来对比一下这八种摆法中，哪个得到的数值最大。

先来看上一行中用两层摆法所得到的这几个数。

在第一行中，第一个数2222显然是最小的。

要想更加方便地比较后面两个数——$222^2$ 和 $22^{22}$ 的大小，我们可以把22换一种写法：

$$22^{22}=22^{2\times11}=(22^2)^{11}=484^{11}$$

对于 $484^{11}$ 来说，无论是底数，还是指数都比 $222^2$ 大。因此 $22^{22}$ 要比 $222^2$ 大。

现在我们再拿 $22^{22}$ 与 $2^{222}$ 比较一下大小。

由于

$$32^{22}=(2^5)^{22}=2^{110}$$

222>110，所以 $2^{222}$ 自然要大于 $32^{22}$。而 $32^{22}$ 又比 $22^{22}$ 大，所以，$2^{222}$ 要比 $22^{22}$ 大。

经过上面的比较可知，在2222、$222^2$、$22^{22}$、$2^{222}$ 中，最大的数字是 $2^{222}$。

下面让我们从剩下的五个数中找出最大的数。用 $2^{222}$ 和下面四个数进行比较：

$$22^{2^2},\ 2^{22^2},\ 2^{2^{22}},\ 2^{2^{2^2}}$$

首先，$2^{2^2}$ 是 16，16 比 222 小得多，所以最后一个数字可以排除掉。其次，$22^{2^2}$ 相当于 $22^4$，$22^4$ 小于 $32^4$，所以 $22^4$ 比 $2^{222}$ 要小，因此 $22^{22}$ 比 $2^{222}$ 小得多，也可以排除掉。这样一来，就只剩三个数字了。而所剩下的这三个数又都是以 2 为底的乘方，我们只需要比较它们的指数就可以了。这三个数的指数分别为 222、484 和 $2^{22}$（$2^{10\times2}\times2^2\approx10^6\times4$）。

其中，$2^{22}$ 显然是最大的。因此 $2^{2^{22}}$ 是用四个 2 所能写出的最大的数。

不必使用对数表，我们可以利用下面的近似等式来求出 $2^{2^{22}}$ 的近似值。

由于

$$2^{10}\approx10^3$$

所以

$$2^{22}=2^{20}\times2^2\approx4\times10^6$$

$$2^{2^{22}}\approx2^{4000000}>10^{1200000}$$

由此我们可以知道，$2^{2^{22}}$ 是一个 100 万位以上的庞大数字。

## 【奇妙数学大战】快速求出特殊数的平方

康托尔说："数学的本质在于它的自由。"数学是一门艺术，是一种生活工具，是一门让我们的头脑变得更灵敏的科学。某些看似枯燥的数学问题，有时只需变换一下思维就会发现其中的乐趣。

例如，某些数的平方比较特殊，经过细心观察，可以发现其中的规律，对其加以运用，可以明显加快计算的速度。

下面就让我们开始一场探索数的平方之旅。

1. 求由$n$个1组成的数的平方

首先，让我们来仔细观察下面的几个例子。

$1^2=1$

$11^2=121$

$111^2=12321$

$1111^2=1234321$

$11111^2=123454321$

$111111^2=12345654321$

……

通过观察和比较，我们可以发现其中的规律：要想求得由$n$个1组成的数的平方，首先应该从1写到$n$，再从$n$写到1，即：

$\underbrace{11\cdots1}_{n个1}{}^2=1234\cdots(n-1)\,n\,(n-1)\cdots4321$

在这里需要注意的是：其中$n$只占一个数位，如果满10就应当向前进位。当然，类似这样的速算位数也不宜过多。

2. 由$n$个3组成的数的平方

为了获得直观的感受，在这里我们还是来观察一些具体的实例：

$3^2=9$

$33^2=1089$

$333^2 = 110889$

$3333^2 = 11108889$

$33333^2 = 1111088889$

通过以上的式子，我们可以得出：

$$\underbrace{33\cdots3}_{n\text{个}3}{}^2 = \underbrace{11\cdots1}_{(n-1)\text{个}1}0\underbrace{88\cdots8}_{(n-1)\text{个}8}9$$

通过以上的两个实例，我们可以看出，其实在数学的王国里，还是蕴含着许多可以遵循的规律。我们只需对其加以灵活应用，就会发现其实学习数学的过程也是一场有趣的探索之旅。

# 第二章

## 有远见的方程——代数的语言

## 2.1　代数的语言

“面对一个数量间存在抽象关系的问题，要想解答它，只需要把问题从普通的语言转换成代数的语言。”这是牛顿在他的著作《普遍的算术》中的一段论述。

方程是代数的语言，有了方程很多数量间存在抽象关系的问题都很容易就被解决了。那么，我们应该怎样把通俗语言转换为代数语言呢？下面就是牛顿所列举的众多例子中的一个：

| 表题的语言 | 代数的语言 |
| --- | --- |
| 一个人有一批苹果 | $x$ |
| 第一次，他卖出了100千克 | $x-100$ |
| 后来，补上了剩余存货的三分之一 | $(x-100)+\frac{x-100}{3}=\frac{4x-400}{3}$ |
| 第二次，他又卖出了100千克 | $\frac{4x-400}{3}-100=\frac{4x-700}{3}$ |
| 然后又补上了剩余存货的三分之一 | $\frac{4x-700}{3}+\frac{4x-700}{9}=\frac{16x-2800}{9}$ |
| 后来，他再次卖出100千克苹果 | $\frac{16x-2800}{9}-100=\frac{16x-3700}{9}$ |
| 然后又补上剩余存货的三分之一 | $\frac{16x-3700}{9}+\frac{16x-3700}{27}=\frac{64x-14800}{27}$ |
| 这时，他手中的存货是开始时的2倍 | $\frac{64x-14800}{27}=2x$ |

只要解出最后的这个方程，我们就可以知道，最开始时这个商人有多少苹果。

在解决这类问题的过程中，解方程其实不是一件很难的事情，相对于解方程，根据所给的条件列出方程要困难得多。通过上面的例子我们很容易看出，列方程的过程其实就是“把普通语言转换成代数语言”的过程。代数语言要比普通语言简洁得多，并不是每句普通的话都可以转换成代数语言。这种转换过程中所遇到的困难有各种各样的情形，关于这一点可以从后面所列举的一些关于方程的例子中看出来。

## 2.2 古希腊数学家丢番图活了多少岁

［**题**］由于史料的缺失，我们对著名的古希腊数学家丢番图的生平知之甚少。现在，我们所知道的关于他的少量信息，也是从他墓碑上的碑文中得来的。他墓碑上的碑文其实就是一道数学题，我们可以试着把他碑文上的普通语言转化为代数的语言来看。

| 普通的语言 | 代数的语言 |
| --- | --- |
| 过路人！这里埋的是丢番图的尸骨，下面的文字可以告诉你他的寿命是多长 | $x$ |
| 幸福的童年占据了他生命的六分之一 | $\frac{x}{6}$ |
| 又过了人生的十二分之一，他开始进入青年时代 | $\frac{x}{12}$ |
| 他结婚后，幸福地度过了生命的七分之一，没有孩子 | $\frac{x}{7}$ |
| 再过五年，他的第一个孩子出生了，他感到非常幸福 | $5$ |
| 就这样过了人生的二分之一，厄运降临，他的儿子不幸去世 | $\frac{x}{2}$ |
| 儿子的去世让他陷入悲痛之中，四年后，他撒手人寰 | $x=\frac{x}{6}+\frac{x}{12}+\frac{x}{7}+5+\frac{x}{2}+4$ |
| 请问：丢番图的寿命有多长？ | |

**[解]** 通过解方程可以知道，丢番图活了84岁。根据这个数字，我们不难推断出关于他生平的这些信息：丢番图21岁结婚，38岁得子，80岁儿子去世，84岁自己去世。

## 2.3 马和骡子哪个驮得重

**[题]** 马和骡子驮着重重的行李并排向前走着。如果把马背上的包裹拿下来一个，放到骡子背上，那么马背上所驮东西的重量就只有骡子的一半。如果把骡子背上的包裹拿下来一个，放到马背上，那么，它们俩所驮东西的重量就相等。

问：假设每个包裹的重量都是相等的，那么，马和骡子各驮了多少个包裹？

**[解]**

| | |
|---|---|
| 假如我从你背上拿一个包裹过来 | $x-1$ |
| 我背上所驮的东西 | $y+1$ |
| 就会是你的两倍重 | $y+1=2(x-1)$ |
| 而假如你从我背上拿一个包裹回去 | $y-1$ |
| 你背上所驮的东西 | $x+1$ |
| 和我一样多 | $y-1=x+1$ |

我们可以把这个问题转化为一个含有两个未知数的方程组：

$$\begin{cases} y+1=2(x-1) \\ y-1=x+1 \end{cases}$$

$$也就是\begin{cases}2x-y=3\\y-x=2\end{cases}$$

通过解上面的方程组，我们可以求出：$x=5$，$y=7$。所以，马驮了5个包裹，而骡子则驮了7个包裹。

## 2.4 四兄弟各有多少钱

［**题**］四兄弟一开始共有45卢布。为了使每个人手里的钱都一样多，那么需要把老大的钱增加2卢布，老二的钱减少2卢布，老三的钱增加到原来的2倍，老四的钱减少到原来的一半。

问：四兄弟本来各有多少钱？

［**解**］

| 四兄弟有45卢布 | $x+y+z+t=45$ |
|---|---|
| 如果老大的钱增加2卢布 | $x+2$ |
| 老二的钱减少2卢布 | $y-2$ |
| 老三的钱增加到原来的2倍 | $2z$ |
| 老四的钱减少到原来的一半 | $\frac{t}{2}$ |
| 每个人所持有的钱一样多 | $x+2=y-2=2z=\frac{t}{2}$ |

把最后一个连等的方程写成3个等式：

$$x+2=y-2$$

$$x+2=2z$$

$$x+2=\frac{t}{2}$$

从前面的等式，我们可以推出：

$$y = x + 4$$

$$z = \frac{x+2}{2}$$

$$t = 2x + 4$$

将 $y$，$z$，$t$ 的表达式代入第一个方程 $x + y + z + t = 45$ 后，就能得到方程：

$$x + x + 4 + \frac{x+2}{2} + 2x + 4 = 45$$

解这个方程，可以求出 $x=8$。把 $x$ 的值代入最后一个 $y$，$z$，$t$ 的表达式中，就可以求出 $y=12$，$z=5$，$t=20$。所以，一开始的时候，老大有 8 卢布，老二有 12 卢布，老三有 5 卢布，老四有 20 卢布。

## 2.5　两只鸟捕鱼的问题

［**题**］已知：河边隔岸相对的位置上长着两棵棕榈树。两棵树之间的距离为 50 肘尺（肘尺是古代的长度计量单位，一肘尺相当于肘节到中指尖的长度），其中一棵的高度为 30 肘尺，另一棵的高度为 20 肘尺。

当河水中游过一条小鱼时，停在两棵棕榈树树顶的两只鸟同时发现了它。它们同时扑向水中，并在相同的时间抓到了这条鱼。那么，请问，这条鱼出现在距离 30 肘尺高的棕榈树树根多远的地方？

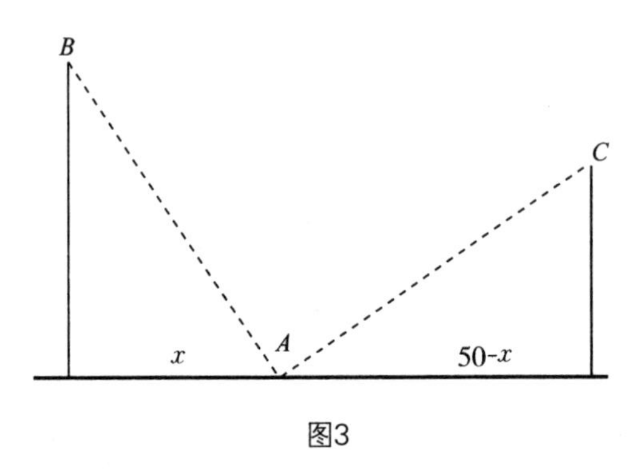


图3

［**解**］根据图3，利用勾股定理可以列出如下方程：

$$AB^2 = 30^2 + x^2$$

$$AC^2 = 20^2 + (50 - x)^2$$

因为两只鸟到达$A$点所用的时间相同，所以$AB$和$AC$这两段距离是相等的，也就是$AB=AC$。这样，上面的方程就可以转化为$30^2+x^2=20^2+(50+x)^2$。

经过化简，可以得到一个一次方程$100x=2000$，解这个方程可得$x=20$。也就是说，这条鱼出现的地方离高30肘尺的棕榈树根部的距离为20肘尺。

## 2.6 老医生家和年轻人家的距离

［**题**］一位老医生约一个年轻人到他家里去玩。为了在路上相见，两人约好，年轻人两点三刻从家里出发，以每小时4千米的速度前往老医生家，老医生三点出门，以每小时3千米的速度沿着年轻人来的方向迎接他。两人相遇以后，老医生掉过头，带年轻人一起朝着自己家里走去。晚上，回到家以

后，年轻人计算了一下，他所走的路程竟然是老医生所走路程的4倍。

问：老医生家与年轻人家的距离有多远？

[**解**] 设老医生家与年轻人家之间的距离是$x$千米。

从前面的叙述中我们可以知道，在整个过程中这个年轻人一共走了$2x$千米，而医生走的只有年轻人的四分之一，也就是$\frac{x}{2}$。相遇以前，医生走了他总路程的一半，也就是$\frac{x}{4}$，而年轻人则走了$\frac{3x}{4}$。由于医生每小时走3千米，而年轻人每小时走4千米。所以相遇之前，医生走了$\frac{x}{12}$小时，而年轻人走了$\frac{3x}{16}$小时。此外我们知道，年轻人提前了一刻钟出发，也就是相遇之前，他在路上所花费的时间比医生多了$\frac{1}{4}$小时，因此我们可以列出方程：

$$\frac{3x}{16}-\frac{x}{12}=\frac{1}{4}$$

解方程可得，$x=2.4$。

也就是说，从年轻人家到老医生家有2.4千米。

## ◢ 2.7　托尔斯泰感兴趣的数学问题

[**题**] 一队农夫商定要把两片草地上的草全部割完。我们假设，每个人割草的速度都是一样的。割大块草地的草用了一天的时间。其中，上午的时候，整队人都参与了这项劳动；到了下午，这队人被平均分成了两组，其中一组用半天时间割完了大块草地上的草，而另一组把小块草地上的草割得只剩下一

个人用一天时间可以割完的量。

已知大块草地的面积是小块草地的两倍大，求出这队农夫的人数是多少。

［解］在这道题中，除了作为这道题主要未知数的这队割草的人数 $x$ 之外，还需要用到一个辅助的未知数，也就是每个人用一天的时间刚好割完的草地面积，我们设这个值为 $y$。虽然题中并没有要求我们求出这个未知数，但是有了这个未知数以后，我们求起主要未知数的时候要容易许多。

下面，我们先用 $x$ 和 $y$ 来表示出面积较大的草地的面积。由题意可知，上午，$x$ 个人割所割的草地的面积是：

$$x\times\frac{1}{2}\times y=\frac{xy}{2}$$

下午，半队人所割的草地的面积为：

$$\frac{x}{2}\times\frac{1}{2}\times y=\frac{xy}{4}$$

因为一天的时间刚好把整片草地割完，所以较大块的草地面积为：

$$\frac{xy}{2}+\frac{xy}{4}=\frac{3xy}{4}$$

现在，用 $x$ 和 $y$ 来表示出面积较小的那块草地的面积。半队人用半天时间，割掉草地的面积是 $\frac{x}{2}\times\frac{1}{2}\times y=\frac{xy}{4}$。而剩下的那一块草地的面积恰好就是一个人一天所割草地的面积，也就是 $y$，将割完的面积和剩下的面积相加，得出的就是小块草地的面积，也就是：

$$\frac{xy}{4}+y=\frac{xy+4y}{4}$$

将题目中“大块草地是小块草地的两倍大”这句话转换成代数语言，这样就可以得出如下方程：

$$\frac{3xy}{4} \div \frac{xy+4y}{4} = 2$$

$$或者\frac{3xy}{xy+4y} = 2$$

约去辅助的未知数，可以得到如下的方程：

$$\frac{3x}{x+4} = 2或3x = 2x+8$$

解这个方程，可以得出$x = 8$。

即这队割草的农夫共有8个人。

在这本《别莱利曼趣味代数学》第一版出版后，我收到了A.B.齐格教授写给我的一封详细并十分有意思的信。在这封信中，他提到了这个问题。他认为，这个问题的主要意义在于：“它其实完全不能算是一道代数题，而只是一道简单的算术题，不用死板的公式我们就能很快解决它。”

青格尔教授继续写道：“这道题的来源是这样的。以前，我的父亲和我的叔叔伊·拉耶夫斯基（伊·拉耶夫斯基是列夫·托尔斯泰的好朋友）一起在莫斯科大学的数学系读书。数学系的课程中并没有很多关于教学方法的东西，为了与有经验的中学老师合作探讨教学方法，学生们需要到与大学对口的城市民众中学去学习。我父亲和叔叔的同学当中有一个叫彼得罗夫的，据说他是个特别有天赋而且见解独到的人，他觉得课堂上所教的解答算术题的方法对学生来说太有害了，僵化死板的教学模式会毁了学生。为了证明自己的想法，他发明了一套题。关于割草人的这道题就是他所发明的那套题中的一道。他所发明的那套题非常灵活，难住了很多‘有经验的出色中学教师’。但是那些还没有被僵化的教学模式所‘毒害’的学生却很轻易地解出了这些题目。就像我们前面所讲的关于割草人的问题，有经验的教师们通过列方程式的方法可以很轻易地解出它，但是，还有一种更简单的方法却被他们忽略了。”

这道题其实非常简单，只需要用算术来解就可以了，完全可以不用代数方程式。

因为大块草地需要用全队人割上半天，然后再由半队人割上半天才能割完，所以我们很容易就能推断出来，半队人半天就能割掉大块草地的$\frac{1}{3}$。由于小块草地的面积是大块草地的一半，所以，半队人割了半天后，小块草地剩下的部分就是大块草地面积的$\frac{1}{2}-\frac{1}{3}=\frac{1}{6}$。

而一个人一天能割完小块草地剩下的部分，即大块草地面积的$\frac{1}{6}$。所以，我们可以算出第一天所割的草地的总面积，即$\frac{6}{6}+\frac{1}{3}=\frac{8}{6}$，由此我们可以得出，这个割草队共由8个割草人组成。

列夫·托尔斯泰一生非常喜欢这种有变化但又不是特别难的问题。他听别人讲到这个题目的时候非常感兴趣，他认为借助图来解这个题目，即使是非常简单的图（图4），也能使这个问题变得一目了然。

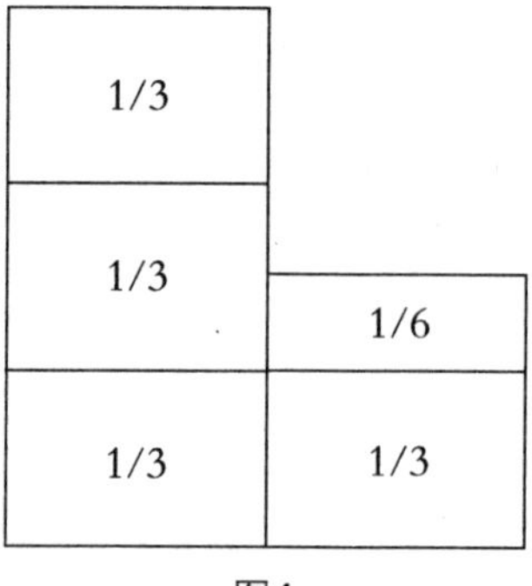

图4

接下来我们将要讲到的几个题目，只要用些巧妙的算术方法，就能变得非常简单。

## 2.8　牛吃草的数学题

［**题**］牛顿在叙述理论的时候，总是喜欢列举一些实例来说明。他认为，在学习科学的过程中，做题比死记硬背那些规则更有用。在牛顿所列举的众多实例当中，有一个牛吃草的问题非常经典，我们下面要讲的这道题就是在牛顿问题的基础上演化而来的。

这是在契诃夫所写的小说《家庭教师》中的一个非常搞笑的故事情节。家庭教师给他的学生出了这样一道题：

整个牧场上的草长得一样密，生长的速度也一样快。现在已知，要吃完牧场上的草，70头牛需要用24天，而30头牛则需要用60天。那么，如果要在96天内把牧场上的草吃完，需要多少头牛？

学生接到这个题目以后，就找了两个成年的亲戚来帮他做。做了很久也没有结果，他们感觉非常困惑。

其中一个亲戚认为这是太简单的一个问题，甚至完全用不着思考，答案当然是70的四分之一，也就是$17\frac{1}{2}$头牛了……这个显然不对，让我们再看看下一个条件：30头牛用60天可以把草吃完，多少头牛用96天能吃完这些草？结果是$18\frac{3}{4}$头，显然这也是不正确的。还有，题目本身也有一些让人困惑的地方，既然70头牛吃完草需要用24天，那么30头要吃完它只要用56天就行了，但是题目中却说要60天。

另一个答道："你没有把草一直在生长这个条件考虑进去吧？"

这句话非常对：草是不停生长的，如果不把这个因素考虑进去，不仅这个题目做不出来，我们甚至会怀疑题目本身的正确性，觉得题中所给出的条件都是自相矛盾的。

那么到底应该怎样解答这道题目呢？

［**解**］在这里，我们需要用一个辅助的未知数来表示每天长出的草在牧场上草的总量中所占的比例。设一天长出的草为 $y$，那么 24 天就能长出 $24y$；假设牧场上草的总量是 1，那么 24 天里 70 头牛吃掉的草的总量就是 $1+24y$。那么这群牛一天吃掉的草就是：

$$\frac{1+24y}{24}$$

由此可以看出一头牛一天吃掉的草就是：

$$\frac{1+24y}{24\times70}$$

同样，由于 30 头牛用 60 天可以把牧场上的草吃完，所以，一头牛一天吃掉的草就是：

$$\frac{1+60y}{60\times30}$$

由于每头牛每天吃掉的草是一样的，所以我们可以列出下面的方程：

$$\frac{1+24y}{24\times70}=\frac{1+60y}{60\times30}$$

解这个方程可以得出：

$$y=\frac{1}{480}$$

依据这个已经算出了的每天长出的草占牧场上草的总量比例，利用下面的方程，很容易就能求出一头牛一天吃掉的草占原来牧场上草的总量的比重：

$$\frac{1+24y}{24\times70}=\frac{1+24+\frac{1}{480}}{24\times70}=\frac{1}{1600}$$

然后，我们设所求的牛的数量是 $x$，列出最后解这道题的方程：

$$\frac{1+96\times\frac{1}{480}}{96x}=\frac{1}{1600}$$

解这个方程，可得：

$$x=20$$

即，如果要用96天的时间把牧场上的草吃完，则需要20头牛。

## 2.9　牧场上可以饲养多少头牛

上面所讲的题目就是根据牛顿关于牛的数量的母题衍生出来的。这个题目并不是牛顿自己想出来的，而是人们在长期的数学学习过程中创造出来的。现在，让我们来看看牛顿的母题。

有三个面积分别为 $3\frac{1}{3}$ 顷、10 公顷和 24 公顷的牧场。三个牧场上的草都长得一样密，生长速度也一样快。第一个牧场如果饲养12头牛的话，则可以吃4个星期；第二个牧场如果饲养21 头牛的话，则可以吃 9 个星期。问：在第三个牧场上饲养多少头牛可以恰好吃18个星期?

[ **解** ] 要解这道题，我们需要设一个辅助的未知数，用来表示 1 个星期里面一公顷牧场上长出的草占原来草的总量的比例。现在，我们设这个比例为 $y$。则第一个牧场上 1 个星期所

长出的草是1公顷土地上原有草的总量的$3\frac{1}{3}y$倍。那么，4星期的时间第一个牧场上长出的草就是1公顷草地上原有草的总量的$3\frac{1}{3}y\times 4=\frac{40}{3}y$倍。这就相当于把原来的第一个牧场的面积增加到了

$$3\frac{1}{3}+\frac{40}{3}y\text{ 公顷}$$

也就是说，牛吃掉的是面积为$3\frac{1}{3}+\frac{40}{3}y$公顷牧场上的草。12头牛用4个星期可以把草吃完，即每个星期牛可以吃占总草量的$\frac{1}{4}$牧草。那么，一头牛1星期吃掉的草就是总草量的$\frac{1}{48}$，据此我们可以列出下面等式：

$$\left(3\frac{1}{3}+\frac{40}{3}y\right)\div 48=\frac{10+40y}{144}$$

也就是，一头牛每个星期所吃的草是$\frac{10+40y}{144}$公顷的牧场上的的草量。

同理，我们也可以从已知的条件中推算第二个牧场上一头牛1个星期可以吃掉的草的面积：

1星期里面，1公顷草地长出的草为$y$，那么9星期里面，10公顷草地上长出的草的总量就是$90y$。

所以21头牛在9周时间内吃掉的其实是$10+90y$公顷牧场上草的总量。

那么每头牛每个星期吃掉的草的面积是：

$$\frac{10+90y}{9\times 21}=\frac{10+90y}{189}\text{ 公顷}$$

由于每头牛每个星期吃掉的草的量是相等的，我们可以据此列出等式：

$$\frac{10+40y}{144}=\frac{10+90y}{189}$$

通过解这个方程可以得出：

$$y=\frac{1}{12}$$

现在让我们来求一下可以让一头牛吃 1 个星期的牧场的面积是：

$$\frac{10+40y}{144}=\frac{10+40\times\frac{1}{12}}{144}=\frac{5}{54}\text{公顷}$$

最后，我们假设第三个牧场上牛的头数为$x$，然后列出方程：

$$\frac{24+24\times18\times\frac{1}{12}}{18x}=\frac{5}{54}$$

解这个方程可以得出：$x$=36。也就是说，在第三个牧场上饲养36头牛可以恰好吃18个星期。

## 2.10　爱因斯坦巧答题

［**题**］著名物理学家爱因斯坦生病的时候，为了逗他开心，他的朋友莫希柯夫斯基给他出了下面这道题，见图5：

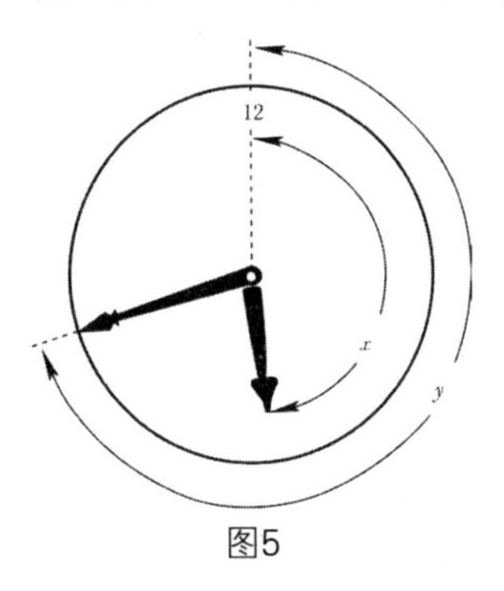


图5

“假设表针的位置是在 12 点钟。在这个位置，如果把较长的分针和较短的时针对调一下，它们所指示的时间还是在合同范围的。但有的时候，把两针对调之后所出现的时间就不对了，比如 6 点的时候，我们如果把两针对调，出现的时间就是正常情况下不可能出现的：当时针指向 12 的时候，分针并不会指向 6。这种情况位置关系是不合理的，由此可以引出这样一个问题：表针处在什么位置的时候即使两针对调，所得的新位置仍然显示的是可能存在的时间？”

爱因斯坦回答道：“非常好，这个问题十分有趣而且也不是特别容易，非常适合病在床上的人。只是对于我来说，它恐怕花不了多少时间，我已经快解出来了。”

他从床上坐起来，用几笔在纸上勾出了一个草图来表示问题的条件。他解这个问题所用的时间甚至不超过我叙述这个问题所用的时间……

他是怎样解答这道题的呢？

[**解**] 首先，让我们把表盘圆周分成相等的 60 份。然后以每份为单位，来计算表针从 12 开始所走的距离。

我们假设在时针从 12 起走了 $x$ 个刻度，分针走了 $y$ 个刻度之后，达到了符合题目要求的位置，时针走过 60 个刻度需要 12 个小时，这也就是说，时针每小时能走 5 个刻度，那么它走过 $x$ 个刻度所需的时间就是 $\frac{x}{5}$ 小时。换句话说，就是在表走到 12 点之后，又过了 $\frac{x}{5}$ 小时。每个小时有 60 分钟，所以分针走过 $y$ 个刻度所用的时间就是 $\frac{y}{60}$ 个小时。也就是说，分针是在 $\frac{y}{60}$ 小时之前经过数字 12 的。换言之，两根指针在 12 的地方重合之后又过了$\frac{x}{5}-\frac{y}{60}$小时。由于$\frac{x}{5}-\frac{y}{60}$这个数所表示的是12点之后又过去了几个整小时，所以这个数是从0到11之间的一个整数。

当两根指针的位置调换了之后，我们可以用同样的方法求出从12点到调换后的时间，表针经历了

$$\frac{x}{5}-\frac{y}{60}$$

个小时。这个数也是个从0到11之间的整数。

根据这些，我们可以列出联立方程：

$$\begin{cases}\frac{x}{5}-\frac{y}{60}=m\\ \frac{x}{5}-\frac{y}{60}=n\end{cases}$$

由这个联立方程我们可以解出：

$$x=\frac{60(12m+n)}{143}$$

$$y=\frac{60(12n+m)}{143}$$

在这个方程中，$m$和$n$都可以任取从0到11之间的整数。所以，要想确定全部所求表针的位置，只要把从0到11之间的全部整数都代入到上述的方程中就可以了。由于$m$可以取的12个数中任何一个都可以与$n$可以取的12个数中的任意一个组合，所以，很多人都会觉得这道题应该有$12\times12=144$个解。实际上，不是这样。由于$m$、$n$均为0时与$m$、$n$均为11时表针所处的都是同一个位置，也就是12点。所以，这道题其实只有143个解。

我们不讨论所有可能出现的情况，只找两个例子来看一看。

第一例：

$$当m=1，n=1时，$$

$$x=\frac{60\times13}{143}=5\frac{5}{11}，y=5\frac{5}{11}$$

对应的时刻也就是 1 点$5\frac{5}{11}$分，此时时针和分针是重合在一起的；时针和分针重合在一起的时候，它们当然可以彼此对调。

第二例：

$$当m=8，n=5时，$$

$$x=\frac{60(5+12\times8)}{143}\approx42.38$$

$$y=\frac{60(8+12\times5)}{143}\approx28.53$$

这时所指的时刻应该是8点28分53秒和5点42分38秒。

当我们把表盘的圆周平均分成 143 份时，所得到的平分点就是这道题的解。表针指向这样的点时，把时针和分针对调，它们所指的时间仍然存在。而当表针指向这 143 个点之外的那些点时，如果对调时针和分针，它们所指的时间将会是不合理的。

## 2.11 时针和分针什么时候重合

［**题**］正常走动的钟表，请问在什么时刻，分针和时针位置重合？

［**解**］我们知道，时针和分针重合的时候可以对调位置，而且对调之后所指示的时间也没有变化。所以我们还可以使用解上面那个题目时所推导出来的联立方程。只是由于时针和分针重合的时候，它们从 12 开始走过了同样个数的刻度，也就是说$x$的值和$y$的值是相等的。这样，根据对前面问题的分析，我们就可以建立这样的方程组：

$$x=y$$

$$\frac{x}{5}-\frac{y}{60}=m$$

在这个方程组中，可以任取从 0 到 11 之间的整数。由这个方程组得出：

$$x=\frac{60m}{11}$$

$m$ 有从 0 到 11 一共 12 个可能的取值。但是由于 $m=0$ 时和 $m=11$ 时，指针都是指在 12 点的位置上，所以表针重合的位置只有 11 个。

## 2.12　猜数游戏的秘诀

很多人都玩过这样的猜数字“游戏”，在玩这种游戏的时候，出题人一般会建议你先想好一个数字，然后加上 2，乘以 3，减去5，再减去你原来所想的那个数字……这样经过五步或者十步之后，他会问你最后的结果，当你说出你的结果以后，他立刻就能告诉你你原来想的那个数字是什么。

这种游戏貌似神奇，其实原理非常简单。它就是通过解方程来实现的。

比如，玩游戏时，出题人让你完成的运算程序如下面表格左边一栏所示：

| 想好一个数 | $x$ |
|---|---|
| 将这个数加 2 | $x+2$ |
| 用所得结果乘以 3 | $3x+6$ |
| 减去 5 | $3x+1$ |
| 减去你原来所想的那个数字 | $2x+1$ |
| 乘以 2 | $4x+2$ |
| 减去 1 | $4x+1$ |

在完成上面的一系列运算程序之后，出题人会让你告诉他最后的结果，听了你的回答之后，他马上就会说出你最开始时所想的那个数。他是怎么做到的呢？

其实非常简单，只要看一下上面表里的右边一栏你就明白了。出题人其实事先把要让你做的事转换成了代数语言。从右边一栏里我们很容易就能看出，如果你一开始想到的数字是 $x$，那么经过上面一系列运算之后，得到的结果就是 $4x+1$，比如，当你告诉他最后的结果是 33 时，他的头脑中立刻就会列出这样一个方程式 $4x+1=33$。如此简单的方程式，当然能迅速地得出结果 $x=8$ 了。同样道理，当你说出是其他的数字的时候，他也是用同样的方法计算出来的。这就不难理解为什么当你说出最后的结果之后，他可以立刻告诉你你一开始所想的数字了。

可见，这是一件非常简单的事情，出题人在玩游戏之前就想好了要怎样根据你给出的结果计算出你之前所想的数字。

明白了这些之后，为了让你的同伴觉得更加神奇，你就可以试着“升级”这种数字游戏了。比如，你可以让你的玩伴们自己来决定对他所想的数字进行什么样的运算程序。玩的时候，你可以让他想好一个数，然后允许他以任何顺序进行，例如加上或者减去一个数，乘上一个数，加上或减去他预先想好的那个数……为了把你弄得更加迷糊，你的玩伴一定会说出许多步的运算。

例如，当你的玩伴想好了一个数字以后，他便会一边默默地计算，一边告诉你，他要将这个数乘以 2，加上 3，再加上他一开始所想的数；然后再加上 1，乘以 2，减去开始时所想的数，减去 3，减去一开始所想的数，减去 2。最后，再把所得的结果乘以2，加上3。

他觉得他已经成功地把你弄糊涂了，便得意洋洋地告诉你，结果是 49。却没有料到你立刻告诉了他，一开始时他所想的那个数字是 5。这个正确答案让他目瞪口呆，觉得非常神奇。

你的做法其实也非常简单。当你的玩伴想好了一个数时，你心里就产生了一个未知数 $x$，当他用他所想的数乘以 2 时，你就对 $x$ 进行同样的运算，这时你的结果就是 $2x$。接着，他用所得结果加 3，你的结果就变成了 $2x+3$ ……就这样，一直到他以为已经把你绕晕，做了上面所有的运算之后，你就得到了如下表右边一栏所示的结果：

| 我想好了一个数 | $x$ |
|---|---|
| 乘以 2 | $2x$ |
| 加上 3 | $2x+3$ |
| 加上开始所想的那个数 | $3x+3$ |
| 加上 1 | $3x+4$ |
| 乘以 2 | $6x+8$ |
| 减去开始所想的那个数 | $5x+8$ |
| 减去 3 | $5x+5$ |
| 减去开始所想的那个数 | $4x+5$ |
| 减去 2 | $4x+3$ |
| 最后，用所得的结果乘以 2 | $8x+6$ |
| 加上 3 | $8x+9$ |

到了结束的时候，你就得到了一个关于 $x$ 的表达式 $8x+9$，这个表达式的值就是他所说的运算结果。这时他告诉你运算的结果是 49，那么你就可以列出方程 $8x+9=49$，这是个非常简单的方程，所以你很快就可以告诉他，他一开始所想的那个数是 5。

这个游戏好玩的地方就在于，你让你的玩伴自己想做什么运算就做什么运算，而并不是你告诉他要做什么运算。只要稍作练习，你就能跟你的玩伴玩这种“游戏”了。

不过这种游戏也不总是这么好玩。比如，出现下面这种情况时，我们就很难再把游戏继续下去了。做了一连串的运算之后，你得到了一个关于 $x$ 的表达式 $x+14$，而这时，你的玩伴告诉你下一步运算是减去他一开始所想的数字。你计算以后发现，所得到的只是一个数字 14 而不是什么方程。这样，你是没有办法猜出他所想的数字的。面对这种情况，你应该马上打断你的朋友，然后告诉他，他所得到的结果是 14。他什么也没告诉你，只是一直运算，你却告诉他一个正确的结果，这一定会让他非常困惑。这样游戏就又变得好玩了。

下面的表格跟之前的一样，左边是你的玩伴所要求的运算，右边是你的计算过程：

| 我想好了一个数 | $x$ |
|---|---|
| 用它加上 2 | $x+2$ |
| 乘以 2 | $2x+4$ |
| 加上 3 | $2x+7$ |
| 减去我开始所想的那个数 | $x+7$ |
| 加上 5 | $x+12$ |
| 减去我开始所想的那个数…… | 12 |

当你得出的式子中不再含有未知数，而只有一个数字 12，你就要立即打断你的玩伴，告诉他，他得出的结果是 12。这样，游戏的乐趣就依然存在了。

## 2.13　看似“荒唐”的假设

［**题**］如果 $8\times8=54$，那么，84 应该等于什么？

这道题看起来似乎有点荒唐，但是却非常有意思，下面我们就来试着解答一下：

**[解]** 如果我们把这道题中的数字看成是十进制的数，那么这道题目根本就不成立，“84等于什么？”这个问题也是没有任何意义的。这道题中所涉及的数字显然不是按十进制写的。

我们假设题目中的数字是 $x$ 进制的，那么，根据题意可以列出方程：

$$“84” = 8x+4$$

同样的，“54”这个数的表达式也就是 $5x+4$。

所以，$8\times8=54$ 也就可以转化为方程 $8\times8=5x+4$，即 $64=5x+4$。解这个方程我们很容易就能得出：$x=12$。

这个结果说明，这道题中的数字是按十二进制写的。所以也就不难计算出“84”$=8\times12+4$，也就是100。

这就是说，如果 $8\times8=54$，则“84”=100。

用同样的方法还可以解出一些类似的题目，例如：

当 $5\times6=33$ 时，100等于什么？

通过解这个题目我们发现，题目中的数字是九进制的，而这个问题的答案则是81。

## 2.14 帮助我们思考的方程

解一解下面这道题你会发现，方程有时的确要比我们想得更加周密。

如果现在爸爸32岁，儿子5岁。那么几年之后，爸爸的年纪是儿子的10倍大?

设$x$年之后，爸爸的年纪是儿子的10倍大。由于$x$年之后，爸爸的年纪是（$32+x$）岁，儿子的年纪是（$5+x$）岁。由此我们可以得出如下的方程：

$$32+x=10(5+x)。$$

解这个方程之后，我们得出：$x=-2$。

也就是说“经过 –2 年”爸爸的年纪是儿子的 10 倍大，这等同于“两年前”爸爸的年纪是儿子的 10 倍大。当我们列出这个方程的时候，其实并没有预料到，两年前，爸爸的年龄是儿子的 10 倍大，而今后父亲的年龄决不能再达到儿子年龄的10倍大。

通过这道题目，我们能够看出，方程其实比我们想得更加周全，它能够提醒我们去注意某些容易被疏忽的问题。

## 2.15　让人手足无措的方程

有时候我们会遇到一些比较棘手的方程，这时候没有太多学习经验的人通常会手足无措。下面我们先举几个例子来看看。

①求一个这样的两位数：十位上的数字等于个位上的数字加 4，将十位和个位上的数字对调，然后用所得的新数减去原来的两位数，所得的结果等于27。

为了求出这个数字，我们先设十位上的数字为 $x$，个位上的数字为 $y$，然后根据题目中所给的条件，列出一个联立方程组：

$$\begin{cases} x = y - 4, \\ (10y + x) - (10x + y) = 27 \end{cases}$$

将第一个方程中$x$的表达式代入第二个方程中，可得：

$$10y + y - 4 - [10(y - 4) + y] = 27$$

化简之后，等式变为：

$$36 = 27$$

这本身就是一个不成立的等式。没有求出要求的未知数，却得出了一个根本不成立的等式，这说明了什么问题呢？

其实，这表明符合题目要求的两位数是不存在的。而且认真观察我们所列的方程组，我们不难发现，这两个方程本身就是互相矛盾的。

化简第一个方程可以得出：

$$y - x = 4$$

而化简第二个方程得出的却是：

$$y - x = 3$$

同样是一个表达式，第一个方程的结果是4，而第二个方程结果却是3。4明显不等于3，所以这个方程肯定是没有解的。

解下面这个方程组也会遇到类似的问题：

$$\begin{cases} x^2y^2 = 8 \\ xy = 4 \end{cases}$$

我们用第二个方程去除第一个方程，可以得出：

$$xy = 2$$

但是，把现在得出的方程和方程组中的第二个方程一比，我们又发现：

$$\begin{cases} xy = 4 \\ xy = 2 \end{cases}$$

4 = 2 显然是不成立的，因此这个方程的解是不存在。我们把这种没有解的方程组叫作“互不相容”方程组。

②我们把第一道题的条件稍作改变：十位上的数字等于个位上的数字减 3，将十位和个位上的数字对调，然后用所得的新数减去原来的两位数，所得的结果等于 27。求出这个数字。

仍然设十位数字是 $x$，那么个位数字就是 $x+3$。将问题转变为代数语言，根据条件可以列出如下方程：

$$10(x+3)+x-[10x+(x+3)]=27$$

化简这个方程之后，我们得到这样一个等式：

$$27=27$$

这个等式的正确性是毋庸置疑的，但是它对于我们求 $x$ 的值没有任何意义。这种情况难道说明此题是无解的？

恰恰相反，这并不意味着符合题目要求的数不存在，而是说无论 $x$ 取什么值，这个方程都是成立的，因为我们所列的是一个恒等式。通过下面的方法，我们很容易就能证实，任何一个十位上的数等于个位上的数加 3 的两位数都符合该题的条件：

$$14+27=41，47+27=74$$

$$25+27=52，58+27=85$$

$$36+27=63，69+27=96$$

③现在，我们再来看这样一个问题，求一个满足如下要求的三位数：

a. 十位数是7

b. 百位数等于个位数减去4

c. 把个位数上和百位数上的数字颠倒位置，得到的新数比原来的三位数大396

我们先设个位上的数字为$x$，根据题目可以列出如下方程：

$$100x+70+x-4-[100(x-4)+70+x]=396$$

化简这个方程之后得到如下的等式：

$$396=396$$

通过前面的讲解，我们已经知道这样的结果说明，任何一个百位数等于个位数减4的三位数，在颠倒位置之后，得到的新数都会比原来的三位数大396。

以上我们所讨论的题目多多少少都带有点人为的性质，有些抽象。这些题能够帮助我们培养列方程和解方程的技巧。现在，我们已经有了一定的理论知识，下面就可以从生产、生活、军事、体育等领域找一些实际问题的例子来探讨一下了。

## 2.16　理发馆里的数学题

**[题]** 代数可以应用到现实生活的方方面面。说起来你可能很难相信，连理发馆的理发师们都能用到代数知识。以前，就有一个理发师曾经请教过我这样一个问题：

“我们有一个解决不了的问题想请你帮忙，不知道你能不能帮助我们？”

另一个理发师插嘴道：“因为这个问题，不知道糟蹋掉多少溶液了！”

“这是什么样的一个问题啊？”我问道。

“为了得到一种浓度为 12% 的过氧化氢，我们不知道浪费掉了多少溶液。我们用的是 30% 和 3% 两种浓度的溶液，总是找不到合适的配制比例。”

我让他们找来一张纸，很快就把这个合适的比例计算了出来。这并不是一个复杂的问题，要解决它非常简单。

［**解**］对于这样一个题目，我们既可以用算术的方法来解，也可以用代数的方法来解，但是用方程会更快、更简单地得出答案。我们先假设要做成浓度为 12% 的溶液需要浓度为 3% 的溶液 $x$ 克，需要浓度为 30% 的溶液 $y$ 克。那么，$(x+y)$ 克溶液中，纯过氧化氢的量就是

$$0.03x+0.3y$$

由于混合后，过氧化氢的浓度是 12%，所以，$(x+y)$ 克溶液中纯净过氧化氢的含量还可以用 $0.12(x+y)$ 来表示。

根据上面的推断，我们不难列出方程：

$$0.03x+0.3y=0.12(x+y)$$

解这个方程可得：$x=2y$，因此，在配制过程中，所用的 3% 的溶液的量应该是 30% 的溶液的量的 2 倍。

## 2.17　我和无轨电车什么时候相遇

［**题**］已知电车是匀速前进的。为了知道始发站每隔多长

时间发一辆电车，我也沿着电车道匀速前进，在前进的过程中，我发现，每隔 4 分钟就会有一辆电车从我对面开来；而每隔 12 分钟，就会有一辆电车从我背后开来。根据这样的观察结果，我应该怎样计算始发站每发一辆车中间所隔的时间？

[**解**] 要解这道题，我们先设每隔 $x$ 分钟就有一辆电车从始发站开出。也就是说，经过 $x$ 分钟之后，在某一辆电车追上我的地方，就会再开过一辆电车；而在第二辆电车追上我之前，它要用 $12-x$ 分钟行驶我用 12 分钟走过的距离，即电车要用$\frac{12-x}{12}$分钟走过我用 1 分钟走过的距离。

而当电车是迎面开过来时，在第一辆车经过我身边的 4 分钟之后，第二辆车会经过我身边。这也就是说，第二辆车必须在 $x-4$ 分钟里行驶我 4 分钟所走的路程，即电车要用$\frac{x-4}{4}$分钟走过我用 1 分钟走过的距离。

由此，我们可以列出如下方程：

$$\frac{12-x}{12}=\frac{x-4}{4}$$

通过解这个方程可得 $x=6$。也就是说每隔 6 分钟会有一辆电车从始发站开出。

除了用这种代数方法之外，其实还可以用另一种方法来解答这道题。首先，将两辆前后行驶的电车之间的距离设为 $a$。由于每隔 4 分钟会有一辆电车从我对面开来，而每隔 12 分钟会有一辆电车从我后面开来，所以，我与迎面开来的电车间的距离以每分钟$\frac{a}{4}$的速度缩短，而与从我后面开来的电车之间的距离以每分钟$\frac{a}{12}$的速度缩短。

而如果我先向前走1分钟，然后又马上转身向后走1分钟，回到原来的位置。那么，在第1分钟我和第一辆从我对面开来的电车之间的距离缩短了$\frac{a}{4}$，而在第2分钟，由于我改变行进的方向，原本从我对面开来的电车变为从我后面开来，所以在第2分钟内，我与这辆电车之间的距离缩短了$\frac{a}{12}$。经计算，两分钟内我和电车之间的距离缩短了$\frac{a}{4}+\frac{a}{12}=\frac{a}{3}$。

但两分钟后，我所处的位置仍是一开始时的位置，这就说明，我一直站在原地没动，两分钟内我和电车之间的距离也是缩短$\frac{a}{3}$。假如我站在原地没动，那么在1分钟内，我和电车之间的距离会缩短$\frac{a}{3}\div 2=\frac{a}{6}$，也就是说，1分钟内电车向我走近了$\frac{a}{6}$。这样的话，用6分钟的时间，一辆电车就能走完全部的距离$a$，每隔6分钟就会有一辆电车从一个固定的地点驶过。也就是说，每隔6分钟就会有一辆电车从始发站开出。

## 2.18　乘木筏需要多长时间到达目的地

［**题**］已知：$A$、$B$两座城位于一条河的沿岸，$A$城位于$B$城的上游。为了从$A$城到$B$城去，我们需要乘5个小时的轮船；而从$B$城返回的时候，由于逆流，轮船的固有速度虽然没有变化，但是需要的时间却延长到了7个小时。假设木筏行驶的速度与水流速度相等。

问：如果我们乘坐木筏从$A$城前往$B$城，那么需要的时间为多少？

[**解**]假设水的流速为0，也就是说船在静水中以本身的速度从$A$城行驶到$B$城需要$x$个小时，而木筏以与水的流速相等的速度从$A$城行驶到$B$城需要$y$个小时。那么，在1小时内轮船在静水中走过的距离是$A$、$B$两城之间距离的$\frac{1}{x}$，而木筏在1个小时内走过的距离是两城之间距离的$\frac{1}{y}$。

由此，我们不难算出，轮船在顺水时每小时走过的距离是两城之间距离的$\frac{1}{x}+\frac{1}{y}$，而在逆水时每小时走过的距离是两城之间距离的$\frac{1}{x}-\frac{1}{y}$。轮船在顺水时走过两城之间的距离需要5个小时，而在逆水时走过两城之间的距离需要7个小时，由此，我们可以列出如下的联立方程组：

$$\begin{cases}\frac{1}{x}+\frac{1}{y}=\frac{1}{5}\\ \frac{1}{x}-\frac{1}{y}=\frac{1}{7}\end{cases}$$

将这个方程组中的第一个方程减去第二个方程可得：

$$\frac{2}{y}=\frac{2}{35}$$

解上面方程可得：$y=35$。也就是说乘木筏从$A$城到$B$城需要35个小时。

## 2.19 两罐咖啡各重多少

[**题**]有两个形状和材质都相同的铁罐，分别装满了咖啡。

第一个铁罐的重量是2千克，高度是12厘米；第二个铁罐的重量是1千克，高度是9.5厘米。问：每罐咖啡的净重是多少？

[**解**] 设大铁罐中咖啡的净重为 $x$ 千克，小铁罐中咖啡的净重为 $y$ 千克。大铁罐本身的重量为 $z$ 千克，小铁罐本身的重量 $t$ 千克。由题意可以得出方程：

$$\begin{cases} x+z=2 \\ y+t=1 \end{cases}$$

由于两个罐子中咖啡的重量比等于两个罐子的体积比，也就是等于罐子高度的立方的比[1]，据此可以列出方程：

$$\frac{x}{y}=\frac{12^3}{9.5^3}\approx 2.02，即 x=2.02y$$

又因为铁罐本身的重量比等于它们的表面积之比，也就是等于它们高的平方的比，据此可以列出方程：

$$\frac{z}{t}=\frac{12^2}{9.5^2}\approx 1.60，即 z=1.60t$$

将 $x$ 和 $z$ 的表达式代入第一个方程组，可以得到如下的联立方程组：

$$\begin{cases} 2.02y+1.60t=2 \\ y+t=1 \end{cases}$$

解方程组，可得：

$$y=\frac{20}{21}=0.95，\ t=0.05$$

---

[1] 因为罐头的内外表面积不是完全一样的，罐头里面的高和罐头本身的高也不一样。所以，这种比例关系只适用于罐头的铁皮很薄的情形。

由此，可以求出$x$和$z$的值：

$$x = 1.92, z = 0.08$$

即，大铁罐中咖啡的净重为1.92千克，小铁罐中咖啡的净重为0.95千克。

## 2.20 晚宴上有多少男士跳舞

［**题**］一共有20个人在晚宴上跳舞，玛丽亚和7个男伴跳过舞，奥尔加和8个男伴跳过舞，薇拉和9个男伴跳过舞……依此类推，一直到尼娜，她和所有的男伴都跳过舞。那么晚宴上跳舞的男士有多少个？

［**解**］如果选择合适的未知数，这道题解起来其实非常容易。让我们先把跳舞的男士的数目放到一边，算一下跳舞的女士有几个。设跳舞的女士的人数为$x$，则由题意可知：

玛利亚作为第一个女士，共和（6 + 1）个男士跳过舞；

奥尔加作为第二个女士，共和（6 + 2）个男士跳过舞；

薇拉作为第三个女士，共和（6 + 3）个男士跳过舞……

以此类推，最后一个女士，也就是第$x$个女士尼娜共和（$6 + x$）个男士跳过舞。

由于尼娜和所有男士都跳过舞，我们可以据此列出如下方程：

$$x + (6 + x) = 20$$

解这个方程可得：

$$x = 7$$

即女士的人数为7个，所以跳舞的男士的数量为$20 - 7 = 13$个。

## 2.21　侦察船何时返回

［**题**］舰队里有一艘奉命侦察舰队前进线上70英里海域的侦察船，舰队每小时向前行进35英里，侦察船每小时向前行进70英里。问：多长时间之后这条侦察船可以返回到舰队里来？

［**解**］设$x$小时之后，侦察船可以回到舰队。在这段时间舰队一共行驶了$35x$英里，侦察船一共行驶了$70x$英里。对于侦察船来说，它是先向前航行70英里，又折返回来的，而侦察船和舰队航行的总路程是$70x + 35x$，等于$2 \times 70$英里。由此我们可以得出方程

$$70x + 35x = 140 \text{ 英里}$$

解方程可得：

$$x = \frac{140}{105} = 1\frac{1}{3}$$

也就是说，侦察船过了1小时20分钟后可以回到舰队里来。

下面，我们再来看一道与侦察船相关的题。

［**题**］侦察船接到一个命令，需要对某海域进行侦查。按照命令的指示，侦察船侦察的时间不得超过3个小时，就必须回到舰队当中。假如侦察船每个小时可以行驶60海里，而舰队每小时可以行驶40海里。问：侦察船离开舰队后多长时间就应该开始折返回来？

［**解**］设侦察船$x$小时后开始折返回来，也就是说，侦察船离开舰队后向前行驶的时间是$x$小时，然后又折返回来向着舰队行驶了（$3-x$）小时。当侦察船和舰队行驶的方向一致时，在$x$小时时它们之间的距离就是它们各自航行的路程之

差，即：

$$60x - 40x = 20x$$

侦察船掉头以后，它朝着舰队航行的距离是60（3 - x）海里，而舰队本身航行的距离是40（3 - x）海里。它们在这段时间内航行的路程之和，即是方向一致时航行的路程之差，也就是20x海里。据此我们可以列出方程：

$$60(3-x)+40(3-x)=20x$$

解方程得：

$$x=2\frac{1}{2}$$

也就是说，侦察船应该是在离开舰队2小时30分钟时开始折返回来。

## ◢ 2.22 自行车手的骑车速度是多少

［**题**］两个赛车手沿着长度为170米的环形赛道以固定的速度骑自行车。如果他们朝着相同的方向前进，170秒之后，速度较快的那个人刚好超过速度慢的那个人一圈；而如果他们朝着相反的方向前进，那么10秒之后，他们就会第一次相遇。问：这两个人分别以多快的速度前进？

［**解**］设第一个人每秒钟能骑x米，那么在10秒钟内他向前行驶了10x米。两人沿着相反的方向骑时，第二个人在两次相遇的中间所驶过的距离就是圆圈的剩余部分，即（170 - 10x）米。现在我们设第二个人每秒钟能骑y米，那么在10秒钟内他所驶过的距离也就是10y米。据此，可以列出方程：

$$170 - 10x = 10y$$

而当这两个人朝着相反的方向行驶时，在170秒内第一个人所经过的距离是170米，第二个人所经过的距离是170$y$米。现在假设第一个人比第二个人要骑得快些，那么从第一次追上到第二次追上的中间，第一个人比第二个人正好多走了一圈，也就是：

$$170x - 170y = 170$$

化简这两个方程可得：

$$x + y = 17，x - y = 1$$

最终可以解出：

$$x = 9，y = 8$$

也就是说第一个人每秒钟能骑9米，第二个人每秒钟能骑8米。

## 2.23　汽车的平均行驶速度是多少

［**题**］一辆汽车往返于$A$、$B$两城之间。已知，它从$A$城开往$B$城时速度是每小时60千米，从$B$城开往$A$城时速度是每小时40千米。求在往返过程中，这辆车的平均速度为多少？

［**解**］这道题看上去非常简单，这也是很多人做错的原因。很多人没有仔细考虑题目中的条件，而是直接求出了60和40的平均值，也就是两个数的和的一半作为答案。

这种简单的解题方法明显是不正确的。因为这辆车来回所用的时间肯定是不一样的。由于路程一样，而回来时行驶的速度较慢，所以回来的时候用的时间要比去的时候长。

将两城之间的距离作为一个辅助未知数引入，根据题意列出方程，那么我们会得到一个完全不同的答案。设两城之间的距离为$l$，汽车行驶的平均速度为$x$，则我们可以列出方程：

$$\frac{2l}{x}=\frac{l}{60}+\frac{l}{40}$$

由于$l$的值不为零，所以我们可以把方程两边的$l$消去，从而得到：

$$\frac{2}{x}=\frac{1}{60}+\frac{1}{40}$$

解这个方程可得：

$$x=\frac{2}{\frac{1}{60}+\frac{1}{40}}=48$$

所以汽车的平均速度是每小时48千米。

现在，我们用字母$a$表示汽车去时的行驶速度，用字母$b$表示回来时的速度，那么第一个方程就可以转化为：

$$\frac{2l}{x}=\frac{l}{a}+\frac{l}{b}$$

从这里可以得出：

$$x=\frac{2}{\frac{1}{a}+\frac{1}{b}}$$

$x$的这个表达式就是$a$和$b$的调和平均值。

由此可见，汽车行驶过程中的平均速度不能简单地用行驶速度的算术平均值来表示的，而是要用它们的调和平均值。就像我们在上面的例子中所看到的那样，当$a$和$b$都是正值的时候，它们的调和平均值总是小于它们的算术平均值。

## 【奇妙数学大战】阿基米德给厄拉多塞尼的挑战

古希腊数学家阿基米德被赋予了“数学之神”的崇高声誉。他有许多与数学相关的趣事，例如下面这一件：

1773年，有人发现了一册宝贵的古希腊文献的手抄本，上面记载了所谓“阿基米德分牛问题”：阿基米德把这一问题送给古希腊亚力山大城的天文学家厄拉多塞尼，向这位亚力山大的名人挑战。他问道：

西西里岛的草地上，太阳神的牛群中有公牛也有母牛，公牛母牛都是白、黑、花、棕四种毛色；白色公牛多于棕色公牛，多出的头数是黑色公牛的（$\frac{1}{2}+\frac{1}{3}$）；黑色公牛多于棕色公牛，多出的头数是花公牛的（$\frac{1}{4}+\frac{1}{5}$）；花公牛多于棕色公牛，多出的头数是白色公牛的（$\frac{1}{6}+\frac{1}{7}$）；白色母牛是黑牛的（$\frac{1}{3}+\frac{1}{4}$）；黑色母牛是花牛的（$\frac{1}{4}+\frac{1}{5}$）；花母牛是棕色牛的（$\frac{1}{5}+\frac{1}{6}$）；棕色母牛是白色牛的（$\frac{1}{6}+\frac{1}{7}$）。

你能替这位天文学家分一下牛吗？

【答案·点拨】

设$x_1$，$y_1$，$z_1$，$t_1$分别是白、黑、花、棕四色公牛的头数，$x_2$，$y_2$，$z_2$，$t_2$分别是白、黑、花、棕四色母牛的头数。则这八个未知数应满足以下方程组：

$$x_1-t_1=(\frac{1}{2}+\frac{1}{3})y_1 \qquad (1)$$

$$y_1-t_1=(\frac{1}{4}+\frac{1}{5})z_1 \quad (2)$$

$$z_1-t_1=(\frac{1}{6}+\frac{1}{7})x_1 \quad (3)$$

$$x_2=(\frac{1}{3}+\frac{1}{4})(y_1+y_2) \quad (4)$$

$$y_2=(\frac{1}{4}+\frac{1}{5})(z_1+z_2) \quad (5)$$

$$z_2=(\frac{1}{5}+\frac{1}{6})(t_1+t_2) \quad (6)$$

$$t_2=(\frac{1}{6}+\frac{1}{7})(x_1+x_2) \quad (7)$$

方程组有 8 个未知数，但只有 7 个方程，假定 $t_1$ 为已知，则由题意可解出：

$x_1$=10366482$t$，$y_1$=7460514$t$，$z_1$=7358060$t$，$t_1$=4149387$t$；$x_2$ = 7206360$t$，$y_2$=4893246$t$，$z_2$=3515820$t$，$t_2$=5439213$t$；$t$=1，2，3 …，$t$是正整数。

所以，即使 $t$ = 1，太阳神的牛最少也有 50389082 头，小小西西里岛岂能容得下 5000 多万头牛，显然这是天才的阿基米德为了戏弄厄拉多塞尼等人。

在本题的假设之下，各种牛的最少头数为：

白公牛 10366482 头；白母牛 7206360 头；黑公牛 7460514 头；黑母牛4893246头；花公牛7358060头；花母牛3515820头；棕公牛 4149387 头；棕母牛 5439213 头。

# 第三章

## 算术的助手——神奇的速乘法

对于算术来讲，要想严格证明其中某些判断是否正确，并不能依靠它自身进行，这就需要用到代数的方法。比如说，有些简便的算法，某些数字的有趣特性，判断一个数是否能被整除，等等，这些算术命题往往需要用代数方法来进行证明。

## 3.1　变通的速乘法

特别善于计算的人经常会借助一些简单的代数变化来减轻他们的计算工作。就像对于 $988^2$，我们就可以用这样的方法来计算：

$$\begin{aligned}988^2 &= (988+12)\times(988-12)+12^2\\ &= 1000\times 976+144\\ &= 976144\end{aligned}$$

很容易就能看出，这里利用的是下面的代数变化：

$$a^2=(a+b)(a-b)+b^2$$

事实上，我们还可以用上面的公式来进行其他类似的运算。比如：

$$27^2=(27+3)(27-3)+3^2=729$$

$$63^2=66\times 60+3^2=3969$$

$$54^2=58\times 50+4^2=2916$$

$$48^2=50\times 46+2^2=2304$$

$$37^2=40\times 34+3^2=1369$$

$$18^2=20\times 16+2^2=324$$

再来看另外一个例子，$986\times 997$ 的乘积可以通过这样的方式来计算：

$$986 \times 997 = (986-3) \times 1000 + 3 \times 14 = 983042$$

这个方法所依据又是什么呢？把乘数写成这样的形式：

$$(1000-14) \times (1000-3)$$

然后，把这两个二项式按代数的规则乘出来：

$$1000 \times 1000 - 1000 \times 14 - 1000 \times 3 + 14 \times 3$$

接着，再做如下变化：

$$\begin{aligned} & 1000(1000-14) - 1000 \times 3 + 14 \times 3 \\ & = 1000 \times 986 - 1000 \times 3 + 14 \times 3 \\ & = 1000(986-3) + 14 \times 3 \end{aligned}$$

这样，所得到的最后一行表示的就是刚才我们使用的计算方法了。

符合这样条件的两个数的乘积的算法也非常有意思。这两个三位数的十位和百位上的数都相同，而个位上的数的和为10。例如：

$$783 \times 787$$

对于这样的两个三位数，它们的乘积可以这样计算：

$$78 \times 79 = 6162，3 \times 7 = 21$$

乘积就是：616221。

这种方法的依据非常简单，看了下面的变化过程你就明白了：

$$\begin{aligned} & (780+3) \times (780+7) \\ & = 780 \times 780 + 780 \times 3 + 780 \times 7 + 3 \times 7 \\ & = 780 \times 780 + 780 \times 10 + 3 \times 7 \\ & = 780(780+10) + 3 \times 7 \\ & = 780 \times 790 + 21 \\ & = 616200 + 21 \end{aligned}$$

对于这一类乘法，我们还有一种更简单的算法：

$$783\times787=(785-2)\times(785+2)$$

$$=785^2-4=616225-4=616221$$

在这个例子里，我们必须得求出785的平方。

对于末位数是5的数的平方，我们可以用下面的方法去求：

$35^2$：$3\times4=12$。答案是1225

$65^2$：$6\times7=42$。答案是4225

$75^2$：$7\times8=56$。答案是5625

计算的规则是这样的：先把这个数字的十位数乘以比它大1的数，然后再在得出的这个乘积后面写上25。

具体的做法是，如果这个数字的十位数是 $a$，那么全数就可以写成：$10a+5$。

这个数字的平方就可以表示为：

$$(10a+5)^2=100a^2+100a+25=100a(a+1)+25$$

表达式 $a(a+1)$ 就是十位数和它后面的那个数字的乘积。将这个乘积乘以 100 再加上 25 和在乘积后面直接写上 25 所得的结果是一样的。

用同样的方法还能计算后面带有$\frac{1}{2}$的分数的平方。例如，$(3\frac{1}{2})^2$ 我们就可以这样来计算：

$$(3\frac{1}{2})^2=3.5^2=12.25=12\frac{1}{4}$$

$$(7\frac{1}{2})^2=56\frac{1}{4}$$

$$(8\frac{1}{2})^2=72\frac{1}{4}$$

## 3.2 神奇的“缺8数”

数字就像一个魔术师，有了它的帮助，生活得以变得更加丰富多彩。

我们这里有一道速算题：$123456789 \times 987654321 = ?$

你能运用所学的知识和你的巧思来快速地得出答案吗？

也许你会迟疑，这么长的数字相乘，到底应该从何下手才比较好。别担心，其实有一个神奇的“缺8数”，即“12345679”可以帮上你。通过细心观察，我们会发现这个“缺8数”满足以下一系列等式：

$$12345679 \times 9 = 111111111$$

$$12345679 \times 18 = 222222222$$

$$12345679 \times 27 = 333333333$$

$$12345679 \times 36 = 444444444$$

……

$$12345679 \times 72 = 888888888$$

$$12345679 \times 81 = 999999999 = 10^9 - 1$$

看到这里，你可能会觉得这个“缺8数”和“123456789”看起来样子十分接近，那这个“123456789”是否也具备以上等式的特质呢？

我们不妨用“123456789”乘以81试试。

竟然真的可以！它确实也具备同样的规律。下面，让我们通过数据证明，过程如下：

因为 $123456789 \times 81 = (123456790 - 1) \times 81 = 9999999909$

$$=10^{10} - 91$$

所以可得出 $123456789 \times 987654321 = (10^{10} - 91) / 81 \times 987654321$

$= (10^{10} - 91) / 9 \times 109739369$

$= (10^{10} - 1) / 9 \times 109739369 - 1097393690$

又因为 $109739369 = 12193263 \times 9 + 2$

所以，上式 $= (1010 - 1) \times 12193263 + 2222222222 - 1097393690$

$= 12193263000000000 - 12193263 + 2222222222$

$- 1097393690$

$= 12193263222222222 - 1109586953$

$= 12193263112635269$

你看，正确的答案已经得出来了！

虽然，我们的问题已经得到解决了，但是你可能还会有疑问：要是我不了解这个“缺 8 数”的性质，刚才的题目又该如何解答呢?

其实，你的疑问很好解决。因为，即使没有这个“缺 8 数”，你也可以通过直接乘以 81 的方式来解决。

证明过程如下：

$123456789 = 111111111 + 11111111 + 1111111 + \cdots + 111 + 11 + 1$

所以，$123456789 \times 9 = 999999999 + 99999999 + 9999999$

$+ \cdots + 999 + 99 + 9$

$= 10^9 - 1 + 10^8 - 1 + \cdots + 10^2 - 1 + 10 - 1$

$= 1111111110 - 9$

由此得出 $123456789 \times 81 = 9999999990 - 81 = 10^{10} - 91$

你看，数字就是这么奇妙，同一道题，有时只需变换一下思路，就可以得出几种截然不同的快速解决方法。不过，要想达到这个效果，具备一定的知识储备是非常有必要的。

## 3.3 数字6的有趣特性

很多人都注意到，几个末位同是1或同是5的数连乘之后，所得的乘积的末位还是1或5。对于数字1和5的这种有意思的性质，我们都可以用代数的方法来证明。其实，末位数是6的数字也有这样的性质。末位是6的数无论连乘多少次，所得的结果末位数都依然是6。

例如：$46^2=2116$；$46^3=97336$

下面我们就来分析一下末位是6的数字的性质。

末位是6的数字可以表示成下面的形式：$10a+6$，$10b+6$，等等，其中，$a$和$b$可以取任何正整数。

这样的两个数的乘积可以这样表示：

$$
\begin{aligned}
&(10a+6)(10b+6)\\
&=100ab+60b+60a+36\\
&=10(10ab+6b+6a)+30+6\\
&=10(10ab+6b+6a+3)+6
\end{aligned}
$$

可见，这两个数的乘积是由10的倍数和6组成的，所以乘积的末位数当然是6了。

我们也可以用同样的方法来证明末位是1和5的数。据此，我们可以作出下面的判断：

$386^{2567}$的末位是6

$815^{273}$的末位是5

$419^{1732}$的末位是1

## 3.4　数字25和76的有趣特性

除了1、5、6具有我们上面所说的神奇性质之外，有些两位数也有着相似的性质，例如25和76。任意几个最末尾同是25或同是76的数相乘，所得的乘积末尾还是原来的数。

现在我们以76为例来证明一下。最末尾是76的数，一般可以表示为：$100a+76$，$100b+76$，等等。

$a$和$b$都可以取任意正整数。这样的两个数相乘，可以得出：

$(100a+76)(100b+76)$

$=10000ab+7600b+7600a+5776$

$=10000ab+7600b+7600a+5700+76$

$=100(100ab+76b+76a+57)+76$

由上面最后一行的表达式可以看出，乘积的末尾是76。

依此类推，凡是末尾是76的数，它的任意次方的末尾依然是76：

$376^2=141376$，$576^2=191102976$，等等。

## 3.5　无限长的“数”

有许多数的末尾是由多位数字组成的长串数尾，在经过连乘之后，得到的乘积的数尾与原来数字的数尾一样。

我们已经知道两位数中，具有这种性质的是25和76。为了找出具有这种性质的三位数，我们可以在25或76前面再写上一位相应的数字。

现在，我们先来讨论一下在 76 前面加上一个什么样的数所得的三位数能够具有这种性质。设前面应该加的那个数字为 $k$，得到的三位数就可以表示为：$100k+76$。那么，末尾是这个三位数的数就可以表示为：

$$1000a+100k+76，1000b+100k+76，等等。$$

其中，$a$ 可以取任意正整数。

现在，让我们将用这种形式表示的这两个数相乘，可以得出：

$$\begin{aligned}&(1000a+100k+76)(1000b+100k+76)\\&=1000000ab+100000ak+100000bk+76000a+76000b\\&\quad+10000k^2+15200k+5776\end{aligned}$$

上面的表达式，除了最后两项之外，其他各项都能被1000整除。只要最后两项的和（$15200k+5776$）+（$100k+76$）与（$100k+76$）的差能被 1000 整除，就可以证明所得乘积的数尾是 $100k+76$。由于

$$\begin{aligned}&15200k+5776-(100k+76)\\&=15100k+5700\\&=15000k+5000+100(k+7)\end{aligned}$$

所以，只有当 $k$ 取 3 的时候，所得乘积的数尾才能与原来的数的数尾相同。

所以，376 就是我们所要求的三位数。而 376 的任意次方的尾数也一定是376。

例如：$376^2=141376$。

同理，如果要找出具有这种性质的四位数，那么我们就应该在 376 前面再加上一位数，设所加的这个数为 $l$，我们就可

以把原来的问题转化成这样：求$l$为多少的时候，

$$(10000a+1000l+376)(10000b+1000l+376)$$

所得的结果的尾数会是$1000l+376$。现在我们把所得的乘积中能被10000整除的各项都舍去，所得到的表达式就是：

$$752000l+141376。$$

只要$752000l+141376$与$1000l+376$相减，所得的差能被10000整除，就证明乘积的尾数就是（$1000l+376$）。由于

$$752000l+141376-(1000l+376)$$
$$=751000l+141000$$
$$=(750000l+140000)+1000(l+1)$$

观察上面最后一行的多项式可以看出，只有当$l=9$时，所得的差才能被10000整除。

所以，符合条件的四位数就是9376。继续像前面那样进行推理，我们会发现，符合条件的五位数为09376，符合条件的六位数为109376，符合条件的七位数为7109376 …

这样，一位一位地增加可以无限制地进行下去。这么做的结果是，我们将会得到一个有着无数多位数的“数”：

$$\cdots 7109376$$

这样的数可以按通常的规则进行加法和乘法的运算，因为这种数字是自右而左写的，而加法和乘法的竖式都是自右而左进行的。而且在两个这样的数的和或者乘积中，还可以逐个减去任意多的数字。

更为有趣的是，上面所说的那个无限长的“数”，能够满足下面的方程：

$$x^2 = x$$

尽管这看起来是不可能的。但是事实上，由于这个数的尾数是 76，所以它的平方的尾数也会是 76。由于同样的原因，这个数的平方的尾数也可以是 376，或者是 9376，等等。换句话说，也就是当 $x = \cdots\cdots 7109376$ 时，我们可以从它的平方中逐位去掉一些数字，这时候，就能得到一个和 $x$ 相同的数字，这就是$x^2 = x$成立的原因。

前面我们对末尾是76的数[1]进行了分析。用类似的方法讨论末尾是5的数，我们能得到下面一组数字：

5、25、625、0625、90625、890625、2890625，等等。同样我们还能写出一个可以满足方程$x^2 = x$的无限长的“数”：

$$\cdots 2890625$$

这个数还恰好“等于”

$$(((5^2)^2)^2)^2$$

这个结果非常有意思，如果我们用代数语言把它表示出来，可以这样说：对于方程$x^2 = x$来说，$x = 0$和$x = 1$之外，还有两个“无限”的解，也就是：

$$x = \cdots 7109376, \quad x = \cdots 2890625$$

除此之外，在十进制中就没有其他的解了[2]。

---

[1] 另外，两位数 76 也可以借助于上面的推理方法求得：只要求出在 6 前面加一个什么数可以得到具有我们所说的性质的两位数就可以．所以，“数”…… 7109376 也可以当作是在 6 前面一个一个加上相应的数得出。

[2] 这种无限长的“数”不仅在十进制中有，在其他的进制中也有。

## 3.6　一个关于补差的古老题目

这是一个关于补差的古老题目。

［**题**］在很久以前，发生过这样一个故事。两个贩卖家畜的人把他们共有的一群牛卖了，每头牛所卖的钱恰好是这群牛的总头数。接着，他们用卖牛所得的钱又买回了一群羊，每只羊的价格是10卢布，最后他们用钱数的零头又换回了一只小羊。

分羊的时候，两个人分得的羊的数量一样多，只是第二个人得到了那只小羊。为了公平起见，两人商议后决定，让第一个人补他一点钱。假设补的钱是整数，那么第一个人应该补给第二个人多少钱？

［**解**］这道题不能直接转换成代数语言，因为根据所给出的条件，我们没有办法列出方程来。为了解出这道题，我们只好采用一种特殊的途径——自由的数学思考。虽然不能把题目转换成代数语言，但是在解题的过程中，代数还是起了非常重要的作用。

这道题中，由于每头牛的价格与牛的总数相等，也就是以每头 $n$ 卢布的价格卖掉了 $n$ 头牛。所以，两个人卖牛所得的钱的总数应该是一个完全平方数，即 $n^2$。而由于其中一个人分得的大羊多了一头，所以用卖牛的钱所买的大羊的数量应该是个奇数。这就可以推断出 $n^2$ 这个数的十位数也是一个奇数。对于一个十位数是奇数的完全平方数来说，它的个位数只有一种可能，就是6。

如果我们设一个十位数是 $a$，个位数是 $b$ 的整数，那么它

的平方就是 $(10a+b)^2$。

$$(10a+b)^2=100a^2+20ab+b^2=(10a^2+2ab)\times 10+b^2$$

对于这样一个数字来说，它的十位数有一部分包含在 $10a^2+2ab$ 里，还有一部分包含在 $b^2$ 里。由于 $10a^2+2ab$ 是一个偶数，所以只有当包含在 $b^2$ 中的十位数是奇数时，$(10a+b)^2$ 里所含的十位数才会是奇数。由于 $b^2$ 是个位上的数的平方，所以 $b^2$ 可以取的值有以下几种可能：

0、1、4、9、16、25、36、49、64、81。

在这些可能取的数中，只有16和36的十位数是奇数。而且它们的个位数都是6，所以可以说，对于数字 $100a^2+2ab+b^2$ 来说，只有当个位数字是6时，它的十位数才会是奇数。

由此我们可以得出，小羊的价格应该是6卢布。现在问题就很容易解决了，由于大羊的价格是每只10卢布，所以，分得小羊的这个人比另一个人少分了4卢布。为了公平，分得大羊的人只需要补给他的同伴2卢布就可以了。

因此这个问题的答案就是2卢布。

## ◢ 3.7 关于苹果的机智问答

这里有一道与苹果有关的数学题。

彼得从市场上买回了一大筐苹果，安娜看到后问他："这么大的一筐苹果，里面一共有多少个？"

彼得没有直接告诉她答案，而是用数学的形式回答道："我这筐里的苹果数满足以下这些条件：如果我把苹果每2个数一下那还剩下1个，如果我每3个、每4个、每5个、每

6个数一下也还是剩下1个，不过如果我把苹果每7个数一下就刚好一个也不剩。所以，你知道我的筐里至少装了多少个苹果吗？”

安娜想了想，很快就得出了答案：彼得的筐里至少有301个苹果。

你知道安娜是怎样快速得出答案的吗?

其实，答案并不是太难得出。根据彼得的描述，这个答案应该满足这样的一个条件：既可以被7整除，也可以被2、3、4、5及6除余1。

由此，我们很快得出，可以被2、3、4、5、6整除的最小数（也就是这几个数的最小公倍数）是60，然后我们进一步考虑，什么数能比60的倍数大1而且还可以被7整除，按照数学的大小顺序，我们可以一一地计算下去，结果很快就能出来了。比如，我们用60除以7还剩下4，显然是不满足题意的，那如果是$2\times60$呢？结果还是不满足题意，因为$2\times60$除以7余1。

所以，我们可以作进一步的推算：$2\times60=7\times17+1=$（即7的倍数）$+1$，也就是（$7\times60-2\times60$）$+1=7\times43$（7的倍数），所以$5\times60+1=$（7的倍数）

由此，我们可以得出满足答案的最小值是$5\times60+1=301$

所以说，彼得的筐里至少有301个苹果。

## 3.8 能被11整除的数字

有一些代数方法可以帮助我们在没有做除法之前，判断出一个数是否可以被另一个数整除。这些方法非常简单。对于怎样判定能被 2、3、4、5、6、7、8、9、10 整除的数的特征大家都是知道的。我们现在就来找出能被 11 整除的数所具有的特征，它既简单而又非常实用。

现在，假设有一个个位数是 $a$，十位数是 $b$，百位是 $c$，千位数是 $d$…的多位数 $N$。那么 $N$ 可以用下面的方式来表示：

$$N = a + 10b + 100c + 1000d + \cdots$$

$$= a + 10(b + 10c + 100d + \cdots)$$

在这里，省略号所表示的是多位数 $N$ 以后的各位数的总和。从 $N$ 中减去一个 11 的倍数

$$11(b + 10c + 100d + \cdots)$$

之后，所得的差数：

$$a - b - 10(c + 10d + \cdots)$$

用这个数除以 11 之后，所得的余数与 $N$ 直接除以 11 所得的余数是一样的。给这个差数加上

$$11(c + 10d + \cdots)$$

之后，我们可以得到

$$a - b + c + 10(d + \cdots)$$

这个数字除以 11 所得的余数同样也等于 $N$ 除以 11 所得的余数。从这个数中再减去一个 11 的倍数，

$$11(d + \cdots),$$

一直进行这样的加减，可以得到这样的结果：

$$a - b + c - d + \cdots = (a + c + \cdots) - (b + d + \cdots)$$

用最终的这个数除以 11 以后，所得的余数仍然等于 $N$ 除以 11 所得的余数。

由此，我们不难得出这样一个能被11整除的数的判断方法：拿一个数字的所有奇数位上数字的总和减去它所有偶数位上数字的总和，如果所得差数是0或者是11的倍数（这个倍数是正数或者负数都可以），那么就说明所试验的这个数能被11整除。

例如，我们可以拿87635064这个数字来试一下：

它的偶数位的数字的和为25，奇数位的数字的和为14

$$25 - 14 = 11$$

通过上面的判定方法，我们可以说这个数能被11整除。

除了上面所说的判断方法以外，我们还可以用另外一种方法来判断一个整数是不是能被11整除。这种方法是这样的：把所要判定的数以两位为一节从右到左进行分节[1]。分节以后，把这些节加起来，如果相加之后的总和能被11整除，那么要判定的数也就能被11整除。我们可以用528这个数字做一个实验：

按照上面所说的判定方法，把528分成5和28两节，然后把两节相加，得到和33。由于33能被11整除，所以528也就能被11整除：

$$528 \div 11 = 48$$

为了证明这种判断方法的正确性，我们可以把一个多位数$N$按照这种判断方法的分节方法进行分节。从右向左，分别将分节后的数字表示为$a$、$b$、$c$等，这样，数字 就可以用这种形式表达出来：

[1] 如果数$N$的位数是奇数，那么它最后一位（最左边一位）所在的那一节将是一位数。此外，03这种形式也可以视为是一位数。

$$N = a + 100b + 10000c + \cdots$$

$$= a + 100(b + 100c + \cdots)$$

用这个数减去11的倍数99（$b + 100c + \cdots$）之后，可得

$$a + (b + 100c + \cdots)$$

$$= a + b + 100(c + \cdots)$$

用这个数除以11得到的余数等于$N$除以11后所得的余数。再用这个数减去99（$c + \cdots$），这样一直做下去。就能得到数字$N$除以11所得的余数等于数字

$$a + b + c + \cdots$$

除以11所得的余数。

## 3.9 寻找逃跑汽车的牌号

**[题]** 在一个十字路口，一辆小汽车闯红灯，撞倒了一位过路行人，肇事汽车逃跑了。路过的好心人立刻把行人送进医院。警察闻讯赶来，向路人了解肇事汽车的情况，好抓住逃跑的司机。

一人说，汽车牌号的最后两位数字相同。另一个人说，牌号的前面两位数字也相同。第三个人说，那号码是4位数，是一个完全平方数。尽管没有人可以把牌号确切的数字说出来，但这位聪明的交警很快就根据这些情况，知道了逃跑汽车的牌号。你知道他是怎么知道的吗？

**[解]** 由于这个汽车牌号是四位数，且它的前两位相同，后两位相同，所以我们可以设所求四位数的第一位数字

是 $a$，第三位数字是 $b$。那么，整个四位数我们就可以表示为 $1000a+100a+10b+b=1100a+11b=11(100a+b)$。这是个可以被 11 整除的数，而同时由于它是一个完全平方数，所以，它应该也可以被 $11^2$ 整除，也就是说，$100a+b$ 是一个能被 11 整除的数。

利用上面所介绍的能被 11 整除的数的任何一种特征，我们都可得出 $a+b$ 能被 11 整除的结论。而当 $a+b$ 能被 11 整除时，由于 $a$ 和 $b$ 都只小于 10，所以只有一种情况：

$$a+b=11,$$

由于整个车牌号是一个完全平方数，所以对于它来说，最后一位数字 $b$ 有可能取的数只有下面这些：

0、1、4、5、6、9。

而由于 $b=11-a$，而且 $a$ 的值小于 10，所以 所有可能取的值只有，

7、6、5、2

所以，$a$ 和 $b$ 的取值一共存在如下的几种情况：

$b=4$，$a=7$；

$b=5$，$a=6$；

$b=6$，$a=5$；

$b=9$，$a=2$；

这样，这个四位数的值就只剩下了以下四种情况：

7744、6655、5566、2299。

由于数字 6655、5566、2299 都不是完全平方。只有 7744= 是一个完全平方数。所以 7744 就是所求的四位数。

即这辆逃跑汽车的牌号是 7744。

## 3.10 能被19整除的数字

有这样一种判断一个数字能否被 19 整除的方法：去掉这个数的个位数，然后将所得的数字加上原来个位数的两倍，所得的结果如果能被 19 整除，那么这个数字就能被 19 整除。这种判断方法真的正确吗？

[**解**] 我们可以将任意数$N$表示为如下形式：

$$N = 10x + y$$

在这里，$x$表示这个数字中十位上的数字，而$y$表示的则是它个位上的数字。现在，我们需要证明，只有当

$$N' = x + 2y$$

是 19 的倍数时，才能被 19 整除。为了证明这个结论，我们先把上式两边都乘以 10，再减去$N$，可以得到：

$$10N' - N = 10(x + 2y) - (10x + y) = 19y$$

从上面的表达式我们明显可以看出，如果 $10N'$ 能被 19 整除，那么由于

$$N = 10N' + 19y$$

所以，$N$肯定也能被 19 整除；反过来，如果$N$能被 19 整除，那么$10N'$也能被19整除。这样可以推出，$10N'$也可以被19整除。

下面举一个例子，用上面所说的方法判断一下 47045881 能否被 19 整除：

```
  4704588|1
         2
------------
  47045|90
      18
----------
  4706|3
      6
--------
  471|2
     4
-------
  47|5
  10
------
   5|7
  14
-----
  19
```

由此，我们不仅可以推断出要判定的数本身可以被 19 整除，还可以推断出 57、475、4712、47063、4704590、47045881 也可以被 19 整除。

## 3.11　苏菲・热门出的题

法国著名数学家苏菲・热门曾让人们证明这样一个结论：在不等于 1 的情况下，如果一个数能够转化为 $a^4+4$ 这种形式，那么这个数一定是个合数。

下面我们就试着来证明一下。

[ **解** ] 我们可以根据下面的推导来证明这个结论的正确性：

$$
\begin{aligned}
& a^4+4 \\
& = a^4+4a^2+4-4a^2 \\
& = (a^2+2)^2-4a^2 \\
& = (a^2+2)^2-(2a^2)^2 \\
& = (a^2+2-2a)-(a^2+2+2a)
\end{aligned}
$$

根据上面的表达式我们可以看出，$a^4+4$ 可以表示成两个因数的乘积，而这两个因数都不等于1[1]，而且也不等于原来的数字。因此可以说，原来的数字就是一个合数。

## ◢ 3.12　合数的个数

素数又叫质数，指的就是大于 1 而除了 1 和它本身以外，不能被任何其他整数整除的自然数。素数的个数是无穷的，这些素数之间的数都是合数。素数把自然数列分成长短不一的合数区段。那么这种区段最长能有多长呢？比方说，是否会有一些区段，连读出现一千个合数，中间都没有被素数隔断呢？

虽然令人难以置信，但是素数之间的合数区段其实要多长就有多长。这种合数区段的长度是没有止境的，可以是一千个、一万个、一亿个……

为了运算和书写的方便，我们用一个符号来表示从 1 到这 个正数连乘之后所得的积，所以数学上引入阶乘“！”。例如，$1\times2\times3\times4\times5$ 就可以表示为 5!。现在，让我们来证明，数列

$$[(n+1)!\ +2],\ [(n+1)!\ +3],$$

---

[1] 假设 $a\neq1, a^2+2-2a=(a^2-2a+1)+1=(a-1)^2+1\neq1$

$$[(n+1)!+4],\ \cdots,\ [(n+1)!+n+1]$$

是$n$个连续的合数。

由于这个数列中，每个数都比前一个数大 1，所以，可以说它们都是按照自然数的顺序排列的。我们要证明的只是这些数都是合数。

对于第一个数来说，由于

$$(n+1)!+2=1\times2\times3\times4\times5\times6\times7\cdots(n+1)+2$$

式子中的两个加项都含有因数 2，所以第一个数是一个偶数。而任何大于2的偶数都是合数，所以第一个数是一个合数。

第二个数

$$(n+1)!+3=1\times2\times3\times4\times5\cdots(n+1)+3$$

由于它的两个加项都是 3 的倍数，所以它至少可以被除了1和本身之外的3整除，所以它也是一个合数。

第三个数

$$(n+1)!+4=1\times2\times3\times4\times5\cdots(n+1)+4$$

它的两个加项均可以被4整除，所以它也是一个合数。

用同样的方法我们可以确定出

$$(n+1)!+5$$

是 5 的倍数。换句话说，也就是对于这个数列中的每个数来说，除了能被 1 和它本身整除以外都至少还能被 1 个其他的数整除，因此它们都是合数。

根据上面的推断，当我们如果要写出五个接连出现的合数时，只需令上面数列中的 $n$ 等于 5 就可以了。这样我们就能得到数列：

722、723、724、725、726

但是，并不是只有这一种由五个连续的合数组成的数列。除了我们上面所写出的数列之外，还有一些其他的，例如：

62、63、64、65、66

或者更小一些的：

24、25、26、27、28

［**题**］现在让我们来试着解一下这个题目：

写出十个连续出现的合数。

［**解**］根据上面所讲的内容，我们可以令 $n$ 等于 10，求出数列的第一个数：

$$1 \times 2 \times 3 \times 4 \cdots 10 \times 11 + 2 = 39916802$$

依据这个数，我们可以写出所求的数列，也就是：

39916802、39916803、39916804…

其实还有一些十个连续出现的合数比这个数列中的数字要小得多。我们甚至可以举出只比一百稍大些的十三个连续出现的合数：

114、115、116、117 … 126

## 3.13 素数有多少个

连续出现的合数组成的数列可以是无穷长的，那么，素数的数列是不是也是这样的呢？下面我们就来证明一下素数的个数是无穷的这个结论。

在这里我们要使用的是古希腊数学家欧几里得发明并收录在他的著作《几何原本》中的一种方法，也就是“反证法”。

首先，假设素数的行列列数有限，并把数列中的最后一个素数用字母$N$来表示。这样，我们可以写出乘积：

$$1 \times 2 \times 3 \times 4 \times 5 \times 6 \times 7 \cdots N = N!$$

在这个阶乘后面加上1，可得$N! + 1$。

作为大于$N$的整数，至少有一个素数可以整除它，也就是它至少应该含有一个是素数的因数。但是根据假设，所有的素数都是小于或等于$N$的，也就是说$N! + 1$这个数不能被任何不大于$N$的数整除，而且除起来总是余1。

因此，前面所提出的素数的行列不是无限的这一假设不成立。由此可见，虽然在自然数列中可以有无穷长的连续的合数组成的数列，但是，在它后面还是能找到无穷多的素数。

## ◢ 3.14　已知的最大素数是多大

对于我们来说，一方面相信存在着无穷大的素数，另一方面，还需要知道哪些自然数是素数。想知道一个数是不是素数就必须进行一些必要的计算，而一个自然数越大，计算起来也就越麻烦。目前人们通过计算机计算出了已知的最大素数，它就是$2^{2281} - 1$。

这个数是一个十进制的700位数。

## ◢ 3.15　数字上演的“逃生记”

在学习数学的过程中，我们发现有许多数字也很顽皮，它们往往利用自身的特质来和我们玩游戏。例如，这里就有一个数字上演的“逃生记”问题。

可以看到，这里有两个自然数组，各由三个六位数组成。当我们对这两组数字进行运算，把它们相加起来，得到的和是相等的，即：

$$123789 + 561945 + 642864 = 242868 + 323787 + 761943$$

而且，我们通过进一步运算，可以发现这两组数字各自的平方和也相等，即

$$123789^2 + 561945^2 + 642864^2 = 242868^2 + 323787^2 + 761943^2$$

到这里，我们可以考虑这样一个问题：如果我们让每个数的最左边一位数字“逃走”，剩下的数还能满足以上等式关系吗？

回答是肯定的，即：

$$23789 + 61945 + 42864 = 42868 + 23787 + 61943$$

$$23789^2 + 61945^2 + 42864^2 = 42868^2 + 23787^2 + 61943^2$$

真是神奇的数字！这时，我们不妨进一步考虑，再试着让一位数字“逃走”。经过计算，我们发现上述的等式关系仍然成立，即：

$$3789 + 1945 + 2864 = 2868 + 3787 + 1943$$

$$3789^2 + 1945^2 + 2864^2 = 2\ 868^2 + 3787^2 + 1943^2$$

这真是一件让人惊讶的事情。不妨再继续让数字“逃走”，经过计算，我们发现，每一次最左边的一位数字“逃走”，上述的等式关系仍然成立！

结果如下：

$$789 + 945 + 864 = 868 + 787 + 943$$

$$789^2 + 945^2 + 864^2 = 868^2 + 787^2 + 943^2$$

……

即使这些数“逃走”到只剩下个位数，上述的等式关系仍然成立：

$$9+5+4=8+7+3$$

$$9^2+5^2+4^2=8^2+7^2+3^2$$

这就是数字的神奇“逃生记”，它从最初的六位数逃至只剩下了一位数，其等式关系依然不变。

数字的神奇还远远不止这些，我们这时不妨逆转思维，让刚才的两组数字从最右边开始“逃走”，我们会惊奇地发现，刚才的等式关系仍然成立！

$$12378+56194+64286=24286+32378+76194$$

$$12378^2+56194^2+64286^2=24286^2+32378^2+76194^2$$

……

即使最后数字“逃走”得只剩下了个位数，刚才的等式关系也仍然成立：

$$1+5+6=2+3+7$$

$$1^2+5^2+6^2=2^2+3^2+7^2$$

看到数字上演的这场“逃生记”，我们不得不惊叹数学的奇妙了。其实，还有很多像这样有趣而神奇的数学趣事等待我们去挖掘和探索。

## 3.16 有时不用代数反而更简单

学好数学最关键的地方就在于，要善于使用合适的数学方法，而不是过多地去考虑解题的方法到底是属于算术、代数、几何或者是其他领域。

代数对算术起了很大的作用，但有时候使用代数方法反而会引起不必要的麻烦，使问题变得更加复杂。现在就来看看这种引进代数以后反而使问题解答起来更麻烦的情况。下面这是一个非常有意义的例子：

找出一个最小的数，它可以

用2除余1，

用3除余2，

用4除余3，

用5除余4，

用6除余5，

用7除余6，

用8除余7，

用9除余8。

［**解**］看了这道题，有人觉得非常困难："这要怎么解呢？用方程的话，要列的方程不仅太多而且解不出来。"

这个问题其实很简单。要解这道题并不是非要用到方程不可，甚至也不需要用到代数，只要进行简单的算术推理，就能解出它了。

我们可以先将这个未知数加1。根据所给的条件，可以很容易地推断出，所得的结果可以同时被2、3、4、5、6、7、8、9整除。要求可以同时被2、3、4、5、6、7、8、9整除的数，我们只需要将5、7、8、9相乘就可以了。由于$5\times7\times8\times9=2520$，所以所求的结果就是2520。

由此可知，符合题目中所给条件的最小整数就是2519。可见，有时不用代数来解题反而更加简单。

## 【奇妙数学大战】找出马路上的交通工具

这里是一个很长的乘法算式。每个标志代表从 0 到 9 中的一个数，每个标志永远代表同一个数。请指出问号处应该是哪一个标志？

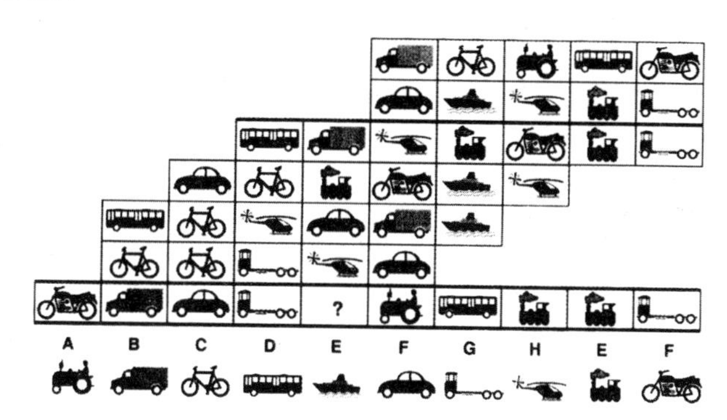


【答案·点拨】

答案为G。算式如下：

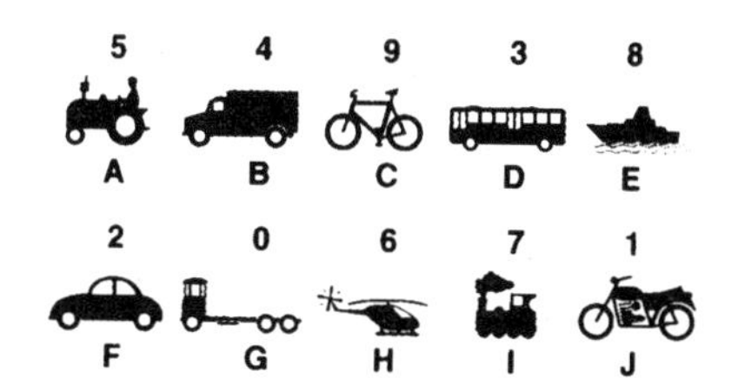


```
          4 9 5 3 1
        × 2 8 6 7 0
      3 4 6 7 1 7 0
    2 9 7 1 8 6
  3 9 6 2 4 8
  9 9 0 6 2
1 4 2 0 0 5 3 7 7 0
```

# 第四章

## 数学里暗含的玄机——不定方程

## 4.1　这三种文具应各买多少

这一章我们讲的主要是有关不定方程的内容，它是数论中最古老的分支之一。

不定方程的内容十分丰富，与日常的生活有着密切的关系。下面就让我们来看一个具体的实例。

商店里新进了一批文具，已知尺子的价格是 3 戈比，铅笔为 4 戈比，橡皮的价格相对比较便宜，一戈比可以买七块。现在如果让你去购买这三种文具，要求买到的文具数量为 100，但只能给你 100 戈比，那么，尺子、铅笔、橡皮应该各买多少？

根据题意，我们可以把应该买的尺子、铅笔、橡皮分别设为 $x$、$y$、$z$，由已知的条件，可以知道它们满足以下方程组：

$$x + y + z = 100 \qquad (1)$$

$$3x + 4y + (1/7)z = 100 \qquad (2)$$

变换式（1）可以得出，$z = 100 - x - y$，把这个结果代入式（2），可以进一步得出 $x = 30 - y - \frac{7y}{20}$。

由题意可以知道 $x$ 是正整数，所以从上面的式子得出 $y$ 必须是 20 的倍数才能满足条件。现在令 $y = 20t$，根据式子可以得出 $x = 30 - 27t$，$z = 70 + 7t$。

又因为 $x$、$y$、$z$ 均为正整数，因此 $0 \leqslant t \leqslant 1$，即 $t=1$。把 $t=1$ 带入上述关系式，可以很快得出 $(x, y, z) = (3, 20, 77)$。

所以，在购买的这批文具里面，尺子数为 3，铅笔 20 支，橡皮 77 块。

这就是不定方程在生活中的一个实际运用。当只有两个方程，却有3个未知数时，这样的方程组被称为不定方程组。

这样的方程组往往有多个解，但一般满足题意的解却是有限的，就像此题一样，有且仅有一组正整数解。

## 4.2 如何恢复被涂掉的数据

[**题**] 商店在核查账本时，发现一滴墨水盖住了其中两处记录（图6），从剩下的痕迹中不能看出具体卖出了多少米的毛绒布，但是可以看出这个数是个整数，而且每米布的单价是49.36卢布。另外，最终卖得的钱数的后三位数字是7.28，可以分辨出这三位数字前面还有三位数字。

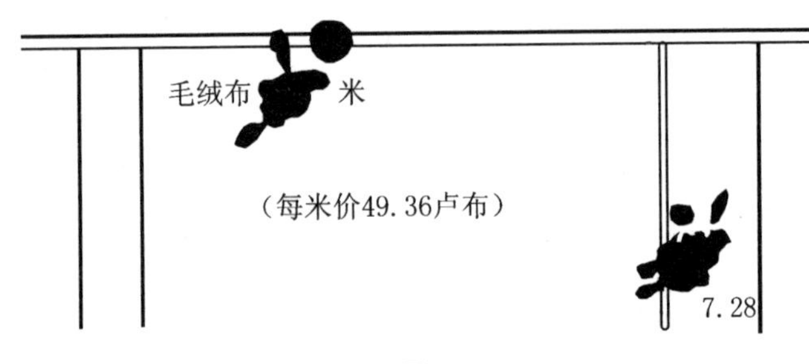


图6

问：核查账本的工作人员能不能根据剩下的这些痕迹恢复这份记录？

[**解**] 为了解出这道题目，我们可以设卖出布料的米数为$x$，卖得的钱中被盖住的那个三位数为$y$，由此可以计算出卖这些布所得的钱数用戈比表示就是：$4936x$。可以得出方程

$$4936x = 100y + 728$$

化解方程可得：

$$617x - 125y = 91$$

在这个方程中，$x$ 和 $y$ 都是正整数，且 $y$ 的值不能大于 999 也不能小于 100。利用前面所讲的方法解出这个方程：

$$125y = 617x - 19$$

$$y = 5x - 1 + \frac{(34 - 8x)}{125}$$

$$= 5x - 1 + \frac{2(17 - 4x)}{125}$$

为了计算方便，在这里可以把$\frac{617}{125}$写成$5 - \frac{8}{125}$。

由于$x$、$y$都是整数，所以分数

$$\frac{2(17 - 4x)}{125}$$

也是一个整数，又因为 2 不能被 125 整除，所以$\frac{17 - 4x}{125}$也一定是一个整数。设$\frac{17 - 4x}{125}$为$t$。那么可以推算出

$$x = 4 - 31t + \frac{1 - t}{4}$$

这里设 $t_1 = \frac{1 - t}{4}$，
那么，

$$x = 4 - 31t + t_1$$

而且：

$$4t_1 = 1 - t$$

$$t = 1 - 4t_1$$

$$x = 125t_1 - 27$$

$$y = 617t_1 - 134$$

由于

$$100 \leqslant y < 1000$$

所以 $$100 \leqslant 617t_1 - 134 < 1000$$

解不等式得出：$t_1 \geqslant \frac{234}{617}$和 $t_1 < \frac{1134}{617}$。

由于 $t_1$ 只能取整数，所以，$x = 98$，$y = 483$，

也就是说，卖出布料的长度为 98 米，卖得的钱是 4837 卢布 28 戈比。账本上的这条记录通过这样的方式得以恢复。

## ◢ 4.3 只设不求的未知数

当我们学会了解不定方程，就能完成下面这个看似做不出来的题目。

伊丽娜有位好朋友住在山上。这天，她一时兴起要去拜访这位朋友。伊丽娜先是以每小时走4千米的速度走了一段平路，然后再以每小时走 3 千米的速度爬上山。到了山顶，很不巧的是，这位朋友不在家，所以伊丽娜又按原路返回了。但在下山的时候，伊丽娜的速度明显加快了，变成了每小时走 6 千米，到达平地后，伊丽娜有些疲惫，所以还是以原来每小时走 4 千米的速度走完了这段路程。

已知伊丽娜是从下午三点出发，晚上八点回到自己的家里，那么，你能根据这些条件算出她一共走了多少路程吗?

如果不仔细分析，你可能会觉得这些条件是不足以来解答这道题的，其实并非如此。

根据题目给出的条件，伊丽娜的整个路程分成以下四段：

走平路、爬山、下山、再走平路。我们可以设 $x$ 为伊丽娜走完的全部路程，她上坡（或下坡）走过的路程为 $y$。

根据条件可以得出：伊丽娜第一次走平路所花的时间是 $(\frac{x}{2}-y)/4$；她爬山所用的时间是 $\frac{y}{3}$；$\frac{y}{6}$ 为她下山所用的时间；最后，她再走平路用的时间是 $(\frac{x}{2}-y)/4$。

由此，可以列出方程：

$$(\frac{x}{2}-y)/4+\frac{y}{3}+\frac{y}{6}+(\frac{x}{2}-y)/4=8-3$$

经过计算，我们发现，在整理化简方程时，$y$ 这个未知数得以消除了，原方程也就变为 $\frac{x}{4}=5$，由此，可以得出 $x=20$ 千米。

所以，伊丽娜走过的全部路程是 20 千米，但她在四个分段路程分别走了多少千米，我们却不得而知。因此，我们一开始设的 $y$ 也就变成了一个只设不求的未知数。

## 4.4　每种邮票各买多少张

［**题**］邮票的单价有 1 戈比、4 戈比和 12 戈比。现在需要用 1 卢布买 40 张邮票，那么请问每种邮票各需要买几张？

［**解**］根据题意，我们设购买三种单价的邮票的数量分别为 $x$、$y$、$z$。那么，由已知条件，我们可以列出带有 3 个未知数的两个方程：

$$x+4y+12z=100$$

$$x+y+z=40$$

将第一个方程减去第二个方程，我们可以得出这个方程：

$$3y+11z=60$$

于是，$y=20-11\times\frac{z}{3}$

由题意知，$\frac{z}{3}$必须是一个整数。现在我们令$\frac{z}{3}=t$，那么

$$y=20-11t$$

$$z=3t$$

把上述 和 的表达式代入最初的第二个方程，可得：

$$x=20+8t$$

因为$x>0$，$y>0$，$z>0$，我们很容易就能推算出：

$$0\leqslant t\leqslant 1$$

又由于$t$是正数，所以它的可能取值就只有下面两种：

$$t=0\text{和}t=1$$

根据$t$的值，我们很容易就能推算出$x$，$y$和$z$的值：

| $t$ | 0 | 1 |
|---|---|---|
| $x$ | 20 | 28 |
| $y$ | 20 | 9 |
| $z$ | 0 | 3 |

将各值代入检验：

$$20\times 1+20\times 4+0\times 12=100$$

$$28\times 1+9\times 4+3\times 12=100$$

所以，如果不要求每种邮票都买，那么就应该有两种买法。

我们下面要讲到的这道题，也是这种类型。

## 4.5　每种水果各买多少个

［题］西瓜的价格是每个 50 戈比，苹果的价格是每个 10 戈比，李子的价格是每个 1 戈比。要用 5 卢布买 100 个三种不同的水果，那么每种水果各买多少个？

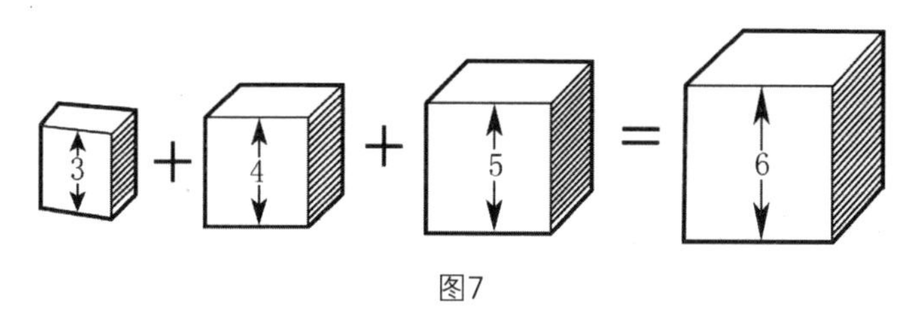


图7

［解］设所买的西瓜的个数为 $x$，苹果为 $y$，李子为 $z$，可以列出如下的两个方程：

$$50x + 10y + z = 500$$

$$x + y + z = 100$$

用第一个方程减去第二个方程，可得：

$$49x + 9y = 400$$

所以

$$y = \frac{400 - 49x}{9} = 44 - 5x + \frac{4(1 - x)}{9}$$

设 $t = \dfrac{1 - x}{9}$，则：

$$x = 1 - 9t$$

$$y = 44 - 5(1 - 9t) + 4t = 39 + 49t$$

由于 $x$、$y$ 均为正整数，所以

$$1 - 9t \geqslant 0 \text{和} 39 + 49t \geqslant 0$$

解不等式，可得：

$$\frac{1}{9} \geqslant t \geqslant -\frac{39}{49}$$

所以，$t$的值只能取0。所以

$$x=1, \ y=39, \ z=60$$

即，用5卢布买三种水果，只能有一种买法，那就是买1个西瓜、39个苹果、60个李子，其他的组合是不成立的。

## 4.6 推算他的生日

［题］了解了不定方程的相关知识，我们就可以玩下面这个数学游戏了。

首先，你可以让一个同学计算出他出生月份的31倍和他出生日子的12倍。然后，让他把这两个数字加起来，并把结果告诉你，根据这个结果，你可以着手计算一下他的出生日期。

假如同学的生日是2月9号，那么他就要先做这样的运算：

$$9 \times 12 = 108$$

$$2 \times 31 = 62$$

$$108 + 62 = 170$$

运算结束以后，他把最后的结果170告诉你。这时，你就要想办法来确定他的生日了。用什么方法来推算呢？

［解］这道题的关键其实也是解不定方程，通过分析题目，我们可以得到如下方程：

$$12x + 31y = 170$$

在这个方程中，$x$和$y$必须是正整数，而且$x$必须小于等于31，$y$必须小于等于12：

将$x$用$y$来表示可得：

$$x=\frac{170-31y}{12}$$
$$=14-3y+\frac{2+5y}{12}$$

设$\frac{2+5y}{12}=t$，那么

$$x=14-3y+t$$
$$2+5y=12t$$

所以，

$$y=\frac{-2+12t}{5}=2t-\frac{2(1-t)}{5}$$

设$\frac{1-t}{5}=t_1$，那么

$$y=2t-2t_1=2(1-5t_1)-2t_1=2-12t_1$$
$$x=14-3(2-12t_1)+1-5t_1=9+31t_1$$

由于$31\geqslant x>0$，$12\geqslant y>0$，而且解不等式可得：

$$-\frac{9}{31}<t_1<\frac{1}{6}$$

所以

$$t_1=0,\ x=9,\ y=2$$

也就是说，他的生日是2月9日。

除了这个解法之外，还可以用另外一种解法来解这道题。

我们把那位同学告诉我们的数字设为 $a$，那么求他的生日时所列的方程就是

$$12x + 31y = a$$

因为 $12x + 24y$ 可以被 12 整除，所以 $7y$ 除以 12 以后所得的余数与 除以 12 以后所得的余数相等。把 $7y$ 和 $a$ 分别乘以 7，所得的结果分别是 $49y$ 和 $7a$，它们除以 12 以后，所得的余数也相等。

又因为 $49y = 48y + y$，而 $48y$ 能被 12 整除，所以，$y$ 和 $7a$ 除以 12 以后，所得的余数相等。换言之，就是说如果 $a$ 不能被 12 整除，那么 $y$ 的值就是 $7a$ 除以 12 之后所得的余数；而如果 $a$ 可以被 12 整除，那么 $y$ 的值就是 12。

所以，当你的玩伴告诉你最终的数字 $a$ 后，你就能求出 $y$ 的值了，有了 $y$ 的值，求 $x$ 的值就非常简单了。

为了计算方便起见，在求 $7a$ 除以 12 的余数之前，我们可以用 $a$ 除以 12 所得的余数来代替 $a$。例如，当你的玩伴告诉你最终的数字是 170 时，我们就可以默默地在心里完成如下的运算步骤：

$170 = 12 \times 14 + 2$（余数等于 2）

$2 \times 7 = 14$

$14 = 12 \times 1 + 2$（$y = 2$）

$$x = \frac{170-31y}{12} = \frac{170-31\times 2}{12} = \frac{108}{12} = 9(x=9)$$

完成这些计算之后，你就可以告诉你的玩伴，他的生日是 2 月 9 号。

下面，我们再来证明一下，无论什么情况下，这个游戏都

可以完成。也就是说，这个方程总是只有一组符合条件的解。仍然假设你的玩伴告诉你的那个数字为 $a$，那么如果要求他的生日，就要解出方程

$$12x+31y=a$$

让我们用“反证法”来证明这个结论。首先，假设这个方程有两组符合条件的解，它们分别是 $x_1$、$y_1$ 和 $x_2$、$y_2$，而且 $x_1$、$x_2$ 均不大于31，$y_1$、$y_2$ 均不大于12。据此可以列出如下等式：

$$12x_1+31y_1=a$$

$$12x_2+31y_2=a$$

第一个等式减第二个等式，可得：

$$12(x_1-x_2)+31(y_1-y_2)=0$$

由这个等式可知，12（$x_1-x_2$）能被31整除。又因为 $x_1$ 和 $x_2$ 都是小于等于31的整数，所以它们的差小于31。据此可以推断出它们的差只能是0，也就是 $x_1=x_2$。这就说明这个方程有两个解的假设是不成立的，即，这个方程只有一组符合条件的解。

## ◢ 4.7　三姐妹卖鸡

［**题**］三姐妹带着母鸡到集市上去卖。第一个有10只，第二个有16只，第三个有26只。上午，她们各自按同样的价钱卖出了一部分鸡；到下午的时候，由于担心卖不完，她们便适当降低价格后卖完了剩下的鸡。回家的时候，每个人手里的钱都是35卢布。

问：她们上午、下午卖鸡的价格分别是多少？

［**解**］设三姐妹上午所卖出的鸡的数量分别为 $x$、$y$、$z$。由题意可以推断出，她们下午所卖的鸡的只数分别为：$10-x$、$16-y$、$26-z$。再设上午卖鸡的价格为 $m$，下午卖鸡的价格为 $n$。

据此，我们可以计算出三姐妹中的第一位卖得的钱为：

$$mx+n(10-x)$$

第二位卖得的钱为：

$$my+n(16-y)$$

第三位卖得的钱为：

$$mz+n(26-z)$$

由于三人所卖的钱均为 35，经过对上面表达式的一些处理，我们可以写出下面这三个方程：

$$\begin{cases}(m-n)x+10n=35\\(m-n)y+16n=35\\(m-n)z+26n=35\end{cases}$$

先用第三个方程减去第一个方程，然后再用第三个方程减去第二个方程，可以得到如下方程组：

$$\begin{cases}(m-n)(x-z)=16n\\(m-n)(y-z)=10n\end{cases}$$

用上面方程组中的第一个方程除以第二个方程，可得：

$$\frac{x-z}{y-z}=\frac{8}{5}，\text{或者}\frac{x-z}{8}=\frac{y-z}{5}$$

由于 $x$、$y$、$z$ 都是整数，所以 $x-z$，$y-z$ 的的值也都是整数。要使 $\frac{x-z}{8}=\frac{y-z}{5}$ 成立，$x-z$ 必须能被 8 整除，$y-z$ 必须能

被5整除。

设$\frac{x-z}{8}=t=\frac{y-z}{5}$，那么，

$$x=z+8t$$
$$y=z+5t$$

由于$x>z$，而且三个人拿到的钱一样多，所以$t$不仅是一个整数，而且必须是一个正数。

又因为

$$x<10$$

所以

$$z+8t<10$$

由于$z$和$t$必须取正整数，所以要使不等式成立，$z$和$t$必须同时取1。

把$z$和$t$的值代入方程

$$x=z+8t$$
$$y=z+5t$$

可以得出：$x=9, y=6$

将$x$、$y$的值代入下面方程组：

$$mx+n(10-x)=35$$
$$my+n(16-y)=35$$
$$mz+n(26-y)=35$$

可以求得：

$$m=3\frac{3}{4},\ n=1\frac{1}{4}$$

也就是说，上午鸡的售价是每只3卢布75戈比，下午鸡的

售价是每只1卢布25戈比。

## ◢ 4.8 非常规的自由思考

［**题**］在前面的这道题目中，由于涉及的方程和未知数非常多，有三个方程和五个未知数，所以我们使用了数学的自由思考来解答，而没有运用到常规的方法。现在我们要用类似的方法来解答下面这些用到二次不定方程的题目。

其中有一道题是这样的：

对两个正整数进行下列运算：

（1）把两数相加；

（2）用大数减小数；

（3）把两数相乘；

（4）用小数去除较大的数。

把上面四种运算所得的结果加起来等于243。试求这两个数分别是多少。

［**解**］为了解这道题，设大数为$x$，小数为$y$，根据题意可以列出下面的方程：

$$(x+y)+(x+y)+xy+\frac{y}{x}=243$$

对这个方程进行一些处理，可得：

$$x(2y+y_2+1)=243y$$

由于

$$2y+y^2+1=(y+1)^2$$

而且$x$和$y+1$不可能有公因数。所以为了使$x$为整数，243

必须能被（$y+1$）$^2$整除。又因为 $243=3^5$，据此我们可以判断出，能够整除 243 的完全平方数只有这几种情况 :1、$3^2$、$9^2$ 。也就是说，（$y$+1）$^2$应该等于 1、$3^2$ 或 $9^2$。由于 $y$ 是整数，所以我们可以推算出，$y$ 的值应该为 8 或 2

那么根据 $y$ 的值可以求出：

$$x=\frac{243\times 8}{81}\text{或}\frac{243\times 2}{9}$$

也就是说，所求的数应该是 24 和 8 或者 54 和 2。

## ◢ 4.9 求长方形的各边长

[**题**] 边长是整数的长方形，如果它的周长恰好等于面积，那么它的长和宽分别是多少？

[**解**] 设它的长和宽分别为 $x$ 和 $y$，那么我们可以据此列出方程：

$$2(x+y)=xy$$

可得

$$x=\frac{2y}{y-2}$$

由于 $y$ 是整数，要使 $x$ 也为正整数，则必须使 $y$–2 为正数，也就是 $y$ 应该大于 2。

又因为：

$$x=\frac{2y}{y-2}=\frac{2(y-2)+4}{y-2}=2+\frac{4}{y-2}$$

由于 $x$ 为正整数，所以$\frac{4}{y-2}$也应当是整数。又由于 $y$>2，

所以 $y$ 的可能取值依次是 3、4 或 6。相应的 $x$ 可能取的值也就是6、4或3。

由此可见，所求的长方形有两种情况：一种是长为 6，宽为3；另一种是边长为4的正方形。

## 4.10 有意思的两位数

［题］有这样一些成对的两位数，当我们把它们的十位数和个位数对调时，它们的乘积是不变的，例如，46和96：

$$46 \times 96 = 4416 = 64 \times 69$$

除了46和96之外，还有哪些成对的两位数也是这样的呢？下面我们就来计算一下。

［解］假设这样两个数的十位数分别为 $x$ 和 $z$，个位数字分别为 $y$ 和 $t$，根据题意可以列出方程：

$$(10x + y)(10z + t) = (10y + x)(10t + z)$$

化简以后，可得：

$$xz = yt$$

这里 $x$、$y$，$z$、$t$ 均为小于10的正整数。为了求出符合条件的解，我们可以找出从 1 到 9 的 9 个数字中所有乘积相等的每一对数字：

$$1 \times 4=2 \times 2，1 \times 6=2 \times 3，1 \times 8=2 \times 4$$

$$1 \times 9=3 \times 3，2 \times 6=3 \times 4，2 \times 8=4 \times 4$$

$$2 \times 9=3 \times 6，3 \times 8=4 \times 6，4 \times 9=6 \times 6$$

一共有 9 个符合条件的等式。从每个等式中，我们可以得

出一组或者两组符合条件的数字。例如，对于等式

$$1\times4=2\times2$$

来说，可以找出这样一组符合条件的数字：

$$12\times42=21\times24$$

对于等式

$$1\times6=2\times3$$

来说，可以找出两组符合条件的数字：

$$12\times63=21\times36，13\times62=31\times26$$

这样继续组合下去，我们一共能找到14组十位数和个位数对调后，乘积仍然不变的数字：

$$12\times42=21\times24，23\times96=32\times69$$

$$12\times63=21\times36，24\times63=42\times36$$

$$12\times84=21\times48，24\times84=42\times48$$

$$13\times62=31\times26，26\times93=62\times39$$

$$13\times93=31\times39，34\times86=43\times68$$

$$14\times82=41\times28，36\times84=63\times48$$

$$23\times64=32\times46，46\times96=64\times69$$

## 4.11　勾股数的特性

土地测量员曾用一种既简便又精确的方法在地面上画垂线。具体操作步骤如下：如图8所示，如果要做的是一条通过点$A$而且垂直于$MN$的直线，那么我们只需要从$A$点出发，沿

$AM$方向取3，其中$a$为任意长度。

然后找一条绳子，在绳子上打三个结，而且使相邻两个结之间的距离分别为4 和5 。再将绳子的两端分别固定在$A$和$B$的位置，在位于中间的结点处将绳子拉紧。如图8所示，角$A$就形成了一个直角，$AC$就是所求的垂直于$MN$的直线。

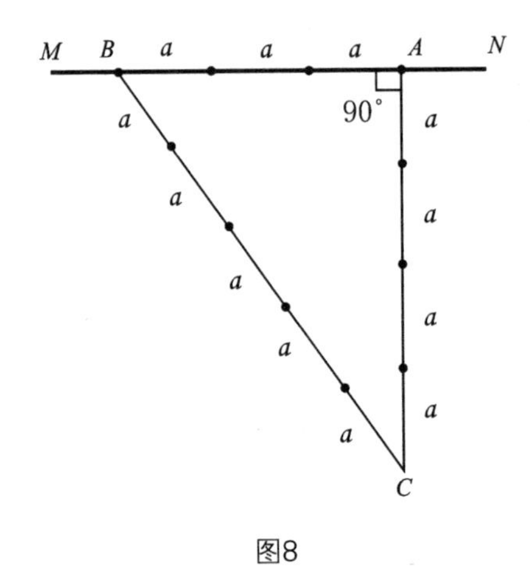


图8

这是个非常古老的方法，甚至几千年前埃及的建筑师在修造埃及金字塔的时候就已经用过了。它的原理非常简单，按照勾股定理可以轻易地判断出来，任意一个三边成3∶4∶5的比例的三角形，都一定是一个直角三角形，因为

$$3^2+4^2=5^2$$

除了3、4、5，我们知道，还有无数个正整数$a$、$b$，$c$能够满足下面的关系式：

$$a^2+b^2=c^2$$

根据“勾股定理”，符合上述关系式的数字也就是“勾股数”（或者毕达哥拉斯数），在这些数字中，由于 $a$、$b$ 可以作为直角边的边长，因此，它们也被叫作“直角边”或者“勾”和“股”。而 $c$ 叫作“斜边”或者“弦”。

如果 $a$、$b$、$c$ 是三个整数勾股数，那么显而易见，当 $p$ 是一个整数乘数时，$pa$、$pb$、$pc$ 也是整数勾股数。而反过来说，假如有这样一组整数勾股数，它们拥有一个共同的乘数，那么当我们用这个共同的乘数去除这组勾股数以后，所得到的肯定是一组新的整数勾股数。因此，我们可以只讨论最简单的勾股数，也就是三个整数互为素数的勾股数。

如果一个直角三角形的两个直角边 $a$ 和 $b$ 都是偶数，那么 $a^2+b^2$ 也一定会是个偶数，这就意味着这个直角三角形的斜边 $c$ 也是一个偶数。这时，$a$、$b$、$c$ 就有了公因数，这样的三角形就不是我们所要求的三个整数互为素数的勾股数。

还有一种情况，那就是两条直角边都是奇数，而斜边是偶数。我们可以证明一下：设两条直角边分别为 $2x+1$ 和 $2y+1$ 。那么，可以求得它们的平方和为：

$$4x^2+4x+1+4y^2+4y+1=4(x^2+x+y^2+y)+2$$

这个数字是一个偶数，它可以被 4 除余 2。很明显，它不是一个偶数的平方，因为所有偶数的平方都可以被 4 整除。所以，这种假设也是不成立的。

由此可见，我们所要求的直角三角形肯定有一条直角边是偶数，另一个直角边是奇数。这时，由于 $a^2+b^2$ 是一个奇数，所以斜边也应该是一个奇数。

现在我们假定在两条直角边中，$a$ 是奇数，$b$ 是偶数。根据勾股定理，很容易得出：

$$a^2=c^2-b^2=(c+b)(c-b)$$

等式右边的（$c+b$）和（$c+b$）是互为素数的两个整数。

的确，如果除 1 之外，这两个数有一个其他的公因数，那么对于这两个数来说，它们的和

$$(c+b)+(c-b)=2c$$

它们的差

$$(c+b)-(c-b)=2b$$

它们的积

$$(c+b)(c-b)=a^2$$

就有一个公因数。也就是说 $2a$、$2b$、$a^2$ 有一个公因数。又因为 $a$ 是一个奇数，所以，这个公因数也不可能是 2。这也就是说，$a$、$b$、$c$ 有一个公因数，与题意相矛盾。所以，（$c+b$）和（$c-b$）是互为素数的两个数。

如果互为素数的两个数的乘积是一个数的平方，那么这两个数本身肯定就是完全平方数。我们可以设

$$\begin{cases}c+b=m^2\\c-b=n^2\end{cases}$$

由上面一组等式可以得出：

$$c=\frac{m^2+n^2}{2},\ b=\frac{m^2+n^2}{2}$$

$$a^2=(c+b)(c-b)=m^2n^2,\ a=mn$$

由此可以看出，当 $m$ 和 $n$ 是一对互为素数的奇数，我们所讨论的整数勾股数就可以表达为下面的形式：

$$a=mn,\ b=\frac{m^2-n^2}{2},\ c=\frac{m^2+n^2}{2}$$

反过来说，对于任意的奇数 $m$ 和 $n$，我们都能利用上面的公式给出一组（3个）整数勾股数 $a$、$b$、$c$。

下面是对于不同的 $m$ 和 $n$，我们所得出的 100 以内符合条件的所有整数勾股数：

$m=3$ $n=1$ $3^2+4^2=5^2$

$m=5$ $n=1$ $5^2+12^2=13^2$

$m=7$ $n=1$ $7^2+24^2=25^2$

$m=9$ $n=1$ $9^2+40^2=41^2$

$m=11$ $n=1$ $11^2+60^2=61^2$

$m=13$ $n=1$ $13^2+84^2=85^2$

$m=5$ $n=3$ $15^2+8^2=17^2$

$m=7$ $n=3$ $20^2+21^2=29^2$

$m=9$ $n=3$ $33^2+56^2=65^2$

$m=11$ $n=3$ $39^2+80^2=89^2$

$m=13$ $n=3$ $35^2+12^2=37^2$

$m=9$ $n=5$ $45^2+28^2=53^2$

$m=11$ $n=5$ $55^2+48^2=73^2$

$m=13$ $n=5$ $65^2+72^2=97^2$

$m=9$ $n=7$ $63^2+16^2=65^2$

$m=11$ $n=7$ $77^2+36^2=85^2$

勾股数（毕达哥拉斯数）有许多非常有意思的特性，例如：如果一个直角三角形的一条直角边小于 3，另一条直角边小于4。那么，它的斜边应当小于5。

在此我们就不对它进行证明了，如果你感兴趣的话，那么可以利用上面所列举的勾股数来验证一下。

## 4.12 他多给了多少钱

小数点这一数学符号，看似很小，但作用却极大。不管是在数学学习，还是我们日常的生活中，都不能忽略这个小小的符号。一旦疏忽，就有可能造成巨大的损失。

有一天，杂货店的店长在给伙计们发放工资。轮到伊凡的时候，店长一时疏忽，看错了工资条上小数点前后的数字（比如将23.56看作56.23），而伊凡领到工资后也没有细数就直接回家了。

回到家后，伊凡拿出8.40卢布交给妻子去买一些生活用品，他这才发现自己口袋里剩下的钱竟然是工资条上写的2倍。

看到这里，你能算出这位杂货店店长因为疏忽而多付给了伊凡多少钱吗？

我们不妨设工资条上写的数字金额为$x$卢布$y$戈比，根据题意

$(100y+x)-840=2(100x+y)$，

经过转化和计算，可以得出$y=\frac{840}{98}+\frac{199}{98}x=8\frac{4}{7}+(2+\frac{3}{98})x=8+2x+\frac{4}{7}+\frac{3}{98}x$，又因为$x$、$y$都为正整数，并且$0\leqslant y\leqslant 99$，所以可以知道$\frac{4}{7}+\frac{3}{98}x$也必须为正整数，因此：$\frac{3}{98}x$可以写成$\frac{3}{7}+k$，其中$k$为非负数，所以$\frac{3}{98}x=\frac{3}{7}+k$，也就是$\frac{3}{7}(\frac{1}{14}x-1)=k$，因此我们得出

$$x=14(\frac{7k}{3}+1)$$

令$k=0$，1，2，3代入，得出$k=0$时，$x=14$，$y=37$。

令$k=3$时，$x=112$，$y=236>99$，不符合条件。

令$k>3$时$y$更大。所以，$x=14$，$y=37$才是正确的答案。

由此，很快可以算出伊凡的工资应该是14.37卢布，而店长多付给了他$37.14-14.37=22.77$卢布。

## 4.13　秤砣和砝码上演的拉锯战

磅秤和天平是两种类似但又有着明显差异的衡量工具。一天，在工作中经常使用磅秤的安德烈和经常使用天平的维克多就两者展开了一场拉锯战。

安德烈首先向维克多出了一个难题：如果我有一台无法辨认刻度的磅秤，并且已知如果把秤杆的游标固定在最远端，能够用10克的秤砣称出1千克的商品。那么，请问如果我想称出1千克、2千克、3千克，一直到30千克的整数千克的商品，需要几个秤砣，它们各自又是多少就能够办到？

令人意想不到的是，聪明的维克多几乎立刻就做出了回答，答案是5个秤砣，并且说出了每个秤砣各自的质量。安德烈对此非常惊讶，更令人意想不到的是维克多居然指出他能够用5个秤砣称出31千克的商品。

与此同时，维克多还向安德烈抛出了一个难题：怎样用1架天平称出1～40克的物品，最少需要几个质量各为多少的砝码？

看到这里，你知道应该如何来寻找答案吗？

首先，我们来看一下，如果以10克为单位，将秤杆上的游标固定在最远端，在秤砣挂钩上挂上5个秤砣为1，2，4，8，16（即$2^0$，$2^1$，$2^2$，$2^3$，$2^4$）的组合，就可以很容易实现1~31克的所有整数千克物品的目标。

然后，来看看维克多提出的问题。我们可以很容易找到问题的突破点在于用哪几个正整数，借助于加减法（每个数在1个算式里最多用1次）能够得到1~40的一切正整数。相对于磅秤来说，天平的砝码不仅可以放在两端，还可以放在同一端。所以，问题的答案很明显，用1，3，9，27（即$3^0$，$3^1$，$3^2$，$3^3$）这四个砝码就能够实现用最少的砝码称出1~40克所有的物品。

解决完这两个问题之后，维克多又抛出了新的问题。已知有27个外形完全相同的小球，它们的质量分别是1克、2克…27克，但是没有办法知道他们每一个球各自的质量具体是多少。在只允许使用3只砝码，且小球本身不能作砝码使用的情况下，怎样能够用一架天平称出各球的质量？这3只砝码各自的质量为多少？

关于这个问题，我们从上一题可以知道，用1克、3克、9克的三个砝码可以称出1~30克的所有整数克。那么依照规律，这些砝码质量的2倍，也就是2克、6克、18克，可以称出2克、4克、6克… 26克的13个球的质量。余下还有14个球的质量都应该为奇数克，对于这些奇数克的球可以采取先用2克的砝码试称，若不足2克，则必为1克；若超过2克，再以4克试称，若不足4克，则必为3克，以此类推，则可以顺利判别出所有小球的质量。

最终，我们可以得到此题的答案：三个砝码的质量分别为2克、6克、18克。

## 4.14　悬赏十万马克的费马猜想

曾经，有人悬赏十万马克来证明一个被称为“伟大的费马猜想”或者是“费马定理”的命题。这是一个 17 世纪著名数学家费马提出的关于不定方程的一个猜想。虽然奖金非常高，但是时至今日，数学界依然没有给出答案。

“费马定理”要证明的就是：除了二次方之外，任何两个整数的同次方的和都不可能是第三个整数的同次方。

换句话说，也就是要证明，

$$x^n+y^n=z^n$$

在$n>2$的情况下，没有整数解。

通过简单的证明，我们就能知道，这两个方程

$$x^2+y^2=z^2$$

$$x^3+y^3+z^3=t^3$$

的整数解是要多少有多少。但是，如果我们试图找到能够满足$x^3+y^3=z^3$的三个正整数，所有的努力都是徒劳的。

同样，寻找更高次数的解也是白白费力。所有这些情况都表明“伟大的费马猜想”是正确的。

要想获得巨额的悬赏，那么就必须证明出“费马定理”对于一切二次以上的乘方都是成立的。这样的证明非常困难。

这个猜想从发表到现在，已经经历了 3 个世纪，许多伟大的数学家都曾经试图证明过这个猜想，但是即使是最好的情况，也只是能证明出个别的指数，而不能找出适用于任何整数指数的证明方法。直到现在，数学家们也还没有成功证明出这

个猜想。

在丢番图著作的书页边上，人们发现了这样一句话："我已经找到了证明这一猜想的方法，但是这里地方太小，写不下了。"这是费马[1]留下的。可见，他本人曾经证明出了此题，但是后来这种奇妙的证明方法却没有被保留下来。而且除了刁藩都著作边上的这句话之外，在他的文稿、书信集里，以及其他任何地方都没有找到关于这个证明的痕迹。

之后，费马的后继者们，例如，欧拉（1797 年）、勒让德（1823 年）、拉梅和勒贝格（1840 年），等等，都曾想方设法来证明这个伟大的猜想。他们都取得了一些成果，欧拉证明了费马定理的三次方和四次方；勒让德证明了它的五次方；拉梅和勒贝格证明了它的七次方；1849 年，库默甚至证明出了一百以下一切指数。这些人在证明费马猜想时，用到的一些知识甚至已经远远超出了费马当时的数学知识范围。所以，费马对于自己的"伟大猜想"是如何证明的，一直是个神秘的问题。

如果你对"伟大的费马猜想"感兴趣，那么你可以去查阅一下由 A. 辛钦编写的《伟大的费马定律》。这本书里面除了有很多关于"费马猜想"的有趣历史之外，还有一些对这个问题现状的分析。

---

[1] 费马（1601 — 1665）的专业是法律，曾担任议会参事。但是他对数学很感兴趣，利用业余时间研究数学 . 并有许多重要的发现。但这些发现他没有发表出来，只是写信告诉他那些学者朋友们，如笛卡儿，帕斯卡，惠更斯•罗贝瓦尔等。

## 【奇妙数学大战】找出维拉的弟弟

维拉和母亲一起上街为弟弟的生日 Party 购买糖果和小礼品。维拉的母亲专买小礼品，维拉专买糖果。关于她们所买糖果和小礼品的数量，以及她们所花的钱款，情况如下：

（1）维拉身上只带了十三枚硬币，而且面值只有三种：1戈比、5戈比和25戈比。她把它们全部都用来买了糖果。

（2）维拉为亚丁买的糖果每块2戈比，她为丁丁买的糖果每块3戈比，她为波波买的糖果每块6戈比。

（3）维拉为这三个男孩买的糖果的块数是不相同的，并且每个男孩所得到的糖果都不止一块。

（4）维拉在付钱时，有两种糖果所付的钱款金额相同。

（5）维拉母亲还买了一些精美的小礼品，而且每一种小礼品的单价都是相同的。母亲买这些小礼品一共花去了4.8卢布。

（6）维拉买的糖果的块数跟她母亲所买的小礼品的件数一样多。

（7）维拉为她弟弟买的糖果的块数是她买的所有礼品中最多的。

请问，在这三个男孩中到底谁才是维拉的弟弟呢？

【答案·点拨】

解答这道题的关键在于根据已知条件（1）、（2）、（5）和（6）列出五个方程，同时根据已知条件（4）列出三个方程。需要注意的是，在这三个方程中只有一个是正确的。

现在假设P为维拉身上所带的1戈比硬币的枚数；N为维拉身上所带的5戈比硬币的枚数；Q为维拉身上所带的25戈比硬币的枚数；T为维拉为买糖果所花费的钱款总数（单位为戈比）；a为给亚丁所买的糖果的块数；b为给丁丁所买的糖果的块数；c为给波波所买的糖果的块数；d为母亲所买的小礼品的单价；F为母亲所买的礼品的件数。

根据已知条件（1），我们可以得出以下两个方程：

（1a）$P+N+Q=13$

（1b）$P+5N+25Q=T$

根据已知条件（2），我们可以得出以下方程：

（2）$2a+3b+6c=T$

根据已知条件（3），我们可以得到以下结论：

（3）a、b、c各不相同而且都大于1。

根据已知条件（4），我们可以得到以下方程：

（4）或者$2a=3b$，或者$2a=6c$，或者$3b=6c$。

根据已知条件（5），我们可以得到以下方程：

（5）$F\times d=480$

根据已知条件（6），我们可以得到以下方程：

（6）$a+b+c=F$

根据已知条件（7），问题可以重新表述为：

（7）a、b、c中哪个最大？

根据数学常识可知：两个奇数之和肯定是偶数；两个偶数之和肯定还是偶数；一个奇数加上一个偶数其和必然是奇数。同样，两个奇数相乘，其积必然是奇数；两个偶数相乘，其积必然是偶数；一个奇数和一个偶数相乘，其积则必然是偶数。

带着这些数学常识去观察上述方程。在方程（1a）中，由于三个正整数之和为奇数，所以或者P、N、Q这三个数都是奇数，或者这三个数中只有一个是奇数。但是无论上面哪种情况成立，方程（2）中的T则总是奇数，这是由方程本身的结构决定的。

根据同样的道理，方程（2）中的b也是奇数。因此，在方程（4）中，2a就不可能等于3b了，这是因为很显然2a是偶数，而3b是奇数。同样，3b也不可能等于6c，这是因为6c是偶数，而3b是奇数。因此，在方程（4）中，唯一成立的是2a = 6c。当我们推理到这里时，就可以知道c绝对不是最大的数，因为a必定大于c。这时，我们在方程的左右两端均除以2，便可以得到a = 3c。将这个等式代入方程（6）中，便可以得到下面的一个方程：b + 4c = F。

由于b是奇数，所以可以肯定的是，在上面这个方程中F是一个奇数。由于在方程（5）中，480是F与d的乘积，F是奇数，则d是一个偶数。在这个乘积中，F可能取到的奇数值只有可能是1、3、5或15。F等于1或3是绝对不可能的，因为假设F等于1或3，那么在方程b + 4c = F中，b和c就不可能是正整数了。同样，根据已知条件3，b和c不可能等于1，所以F也不等于5。因此，F的值一定为15。

于是，b + 4c = 15，而c不能大于3，或者小于1。根据已知条件3，c不能等于1，也不能等于3，所以c必定等于2。将其代入方程b + 4c = 15中，可以得出b = 7。将其代入方程a = 3c中，得出a = 6。所以，在a、b、c三个数中，b才是最大的数。

因此，根据已知条件（7），丁丁才是维拉的弟弟。

# 第五章

## 代数上演的滑稽剧
## ——开方和二次方程

## 5.1　开方：第六种运算

以前的代数式在我们今天看来，非常难以识别。那时加号和减号还没有通用，用的是字母 p 和 m 表示的。而我们现在用的括弧，那个时候是用「 」来表示的。

开方是乘方的逆运算，现在我们用根号$\sqrt{\ }$来表示。但是在 16 世纪时，根号不是这样写的。下面我们就以一个用 16 世纪的方法表示的数字为例，来了解一下那时开方的表示方法。

R.q.4352

其中大写字母 R 表示的是根号。R 后面所跟的 q 是拉丁文"平方"的第一个字母。如果要写的是一个开三次方的数字，那么这个 q 就得换成"立方"的第一个字母 c 了。上面的这个数字如果用我们现在常用的方式来表示，就是$\sqrt{4352}$。

在古代数学家邦贝利（1572 年）的一本书里，有一个现在的我们完全无法理解的式子：

R.c [ R.q.4352p.16 ] m.R.c. [ R.q.4352m.16 ]

其实，将它翻译成现代的式子，就是

$$\sqrt[3]{\sqrt{4352+16}}-\sqrt[3]{4352-16}$$

表示方式的不同让我们觉得邦贝利的式子非常复杂。

开方除了可以用$\sqrt[n]{a}$这样的形式表示之外，还可以用另一种方式来表示，那就是 16 世纪著名荷兰数学家斯台文提出的符号$a^{\frac{1}{n}}$。这种方式不仅看上去一目了然，而且还非常明确地指出了方根就是指数是分数的乘方。

我们知道，加法和乘法都只有一种逆运算，即减法和除法，但是乘方却有开方和对数两种逆运算，这是为什么呢？

这是因为，对于加法和乘法来说，参与运算的两个数字所起的作用是一样的，我们在计算过程中对它们采取的方法也是一样的。因此，互换它们的位置对运算的结果没有任何影响，例如$3+5=5+3=8$，$2\times6=6\times2=12$。但是对于乘方来说，情况就完全不一样了。乘方的指数和底数起着完全不同的作用，运算过程中，我们对它们的处理方法也不同。所以，一般情况下，它们互换位置以后，得到的结果是完全不同的。例如，$6^2\neq2^6$。

## 5.2 比较两个数的大小

[**题1**] 比较这两个数：$\sqrt[5]{5}$和$\sqrt{2}$，哪个更大？

对于这道题和以下各题，我们都能利用代数的方法来解答，不必计算出方根的数值，只需比较出大小就行了。

[**解**] 求这两个式子的10次方，可以得出：

$$(\sqrt[5]{5})^{10}=5^2=25,(\sqrt{2})^{10}=2^5=32$$

由于32>25，所以

$$\sqrt[5]{5}<\sqrt{2}$$

[**题2**] 比较这两个数：$\sqrt[4]{4}$和$\sqrt[7]{7}$哪个更大？

[**解**] 求这两个式子28次方，可以得到：

$$(\sqrt[4]{4})^{28}=4^7=2^{14}=2^7\times2^7=128^2$$

$$(\sqrt[7]{7})^{28}=7=7^2\times7^2=49^2$$

由于128>49，所以

$$\sqrt[4]{4} > \sqrt[7]{7}$$

［题3］比较$\sqrt{7}+\sqrt{10}$和$\sqrt{3}+\sqrt{19}$哪个更大？

［解］首先，求这两个式子的平方，可以得出：

$$(\sqrt{7}+\sqrt{10})^2 = 17+2\sqrt{70}$$
$$(\sqrt{3}+\sqrt{19})^2 = 22+2\sqrt{57}$$

将所得的两个式子同时减去17，可得：

$$2\sqrt{70}\text{和}5+2\sqrt{57}$$

再求它们的平方，可得：

$$280\text{和}253+20\sqrt{57}$$

将得到的两个式子都减去253，然后比较27和$20\sqrt{57}$的大小。

因为$\sqrt{57}>2$，所以$20\sqrt{57}>40>27$；

因此，$\sqrt{3}+\sqrt{19}>\sqrt{7}+\sqrt{10}$

## 5.3　一看就能知道答案的题

［题］认真观察这个方程

$$x^{x^3}=3$$

求出$x$等于什么。

［解］这个问题对于熟悉代数符号的人来说非常简单，他们很轻易地就能看出来：

$$x=\sqrt[3]{3}$$

这是因为当$x=\sqrt[3]{3}$时，

$$x^3=(\sqrt[3]{3})^3=3$$

所以 $x^{x^3}=x^3=3$ 所以，就是所求的值。

对于那些不能一眼看出答案的人，我们可以用下面的方法来求$x$的值：

首先，设

$$x^3=y$$

那么

$$x=\sqrt[3]{y}$$

这样，这个方程就可以转化成这样的形式：

$$(\sqrt[3]{y})^y=3$$

求等式两边数值的三次方，可得：

$$y^y=3^3$$

显然$y=3$，因此

$$x=\sqrt[3]{y}=\sqrt[3]{3}$$

## ◢ 5.4 代数的滑稽剧

[**题**] 在数学上，有一些错误非常浅显，只要我们说明了，每个人都能理解。但也往往是一些非常浅显的错误，对我们的迷惑作用很大。我们顺着看似正确的思路一步一步推断，觉得每一步都没有问题，但是最终的结果却错得非常明显。下面我们就来见识一下数学运算中迷惑我们的滑稽剧吧。

第一出：

$$2=3$$

一开始，先在台上摆出一个无可争辩的等式：

$$4-10=9-15$$

然后，在上面等式的两边同时加$6\frac{1}{4}$：

$$4-10+6\frac{1}{4}=9-15+6\frac{1}{4}$$

之后，将这个等式化为如下的形式：

$$2^2-2\times2\times\frac{5}{2}+(\frac{5}{2})^2=3^2-2\times3\times\frac{5}{2}+(\frac{5}{2})^2$$

然后再经历下面的变化：

$$(2-\frac{5}{2})^2=(3-\frac{5}{2})^2$$

开平方之后，得：

$$2-\frac{5}{2}=3-\frac{5}{2}$$

在等式两边同时加上$\frac{5}{2}$，得

$$2=3$$

荒谬的一幕就此发生，这个结果显然是错误的，但是问题究竟出在什么地方呢？

［**解**］其实错误就在隐藏在下面这一步：

我们从

$$(2-\frac{5}{2})^2=(3-\frac{5}{2})^2$$

得出$2-\frac{5}{2}=3-\frac{5}{2}$这个结果是错误的。从两个数的二次方相等不能推出两个数的一次方相等。因为除了相等之外，还存在相反的情况。上面这个例子中的两个数就不是相等而是相反

的情况：

所以，

$$(-\frac{1}{2})^2=(\frac{1}{2})^2$$

但是，$-\frac{1}{2}$却并不等于$\frac{1}{2}$。

[**题**] 下面还有另外一出代数的滑稽剧

$$2\times2=5$$

仍然按照与前面一样的手法来表演。在台上，先给出一个无可争辩的等式：

$$16-36=25-45$$

然后，等式两边同时加$20\frac{1}{4}$，等式就变成了：

$$16-36+20\frac{1}{4}=25-45+20\frac{1}{4},$$

再按照下面的步骤变换等式：

$$4^2-2\times4\times\frac{9}{2}+(\frac{9}{2})^2=5^2-2\times5\times\frac{9}{2}+(\frac{9}{2})^2,$$

$$(4-\frac{9}{2})^2=(5-\frac{9}{2})^2$$

利用之前的不合理推论，得出结果：

$$4-\frac{9}{2}=5-\frac{9}{2}$$

$$4=5$$

$$2\times2=5$$

这显然是个错误的等式。

以上的这些滑稽剧给我们的教训就是，初学数学的人在处理包含根号的未知数的方程时，必须要非常小心，以防出现这种滑稽的情况。

## 5.5　从握手次数算会议人数

［**题**］参加会议的每个人都要跟其他所有的人握手。据统计，在一次会议上，握手的总次数是 66 次。请问到会的人数一共有多少？

［**解**］如果用代数的方法来解这道题，那么非常简单。设到会的人数为 $x$，那么 $x$ 个到会的人中的每个人握手的次数均为 $x-1$。又由于，一个人握另一个人的手时，另一个人也在握他的手，这整个过程只能算一次握手。所以，握手的总次数应该是 $x(x-1)$ 的一半。根据题意，可以列出如下方程：

$$\frac{x(x-1)}{2}=66$$

经过变化，可得

$$x^2-x-132=0$$

解这个方程可得：$x=12$ 或 $x=-11$

由于人数不可能为负值，所以 $x=-11$ 时，没有意义。因此参加会议的人数应该是 12 人。

## 5.6　求一群蜜蜂的个数

这是一本以指导智力比赛为目的的古印度教材里的一道

题。在古印度，人们通常以公开赛的方式解决难解的题目。这种类似于竞技的活动非常有利于激发人们解决问题的热情。

**[题]** 有一群蜜蜂在花间飞舞，其中，占总数一半的平方根的蜜蜂被茉莉花香味的吸引，飞进了茉莉花丛中；还有占全群$\frac{8}{9}$的蜜蜂留在了后面；另外还有一只，脱离了集体，独自在一朵莲花旁边徘徊。问：这个蜂群中一共有多少只蜜蜂？

**[解]** 设这群蜜蜂一共有$x$只。根据题意可以列出方程：

$$\sqrt{\frac{x}{2}}+\frac{8}{9}x+2=x$$

为了简化计算步骤，令$x=2y^2$，这时候方程就变成了下面的形式：

$$y+\frac{16y^2}{9}+2=2y^2,\text{或者}2y^2-9y-18=0$$

解方程，可得：

$$y_1=6,y_2=-\frac{3}{2}$$

据此，可以求出 的值：

$$x_1=72，x_2=4.5$$

由于蜜蜂的只数只能是正整数，所以，$x_1$=72 是本题的解。我们可以通过如下方式来检验一下这个解是否正确：

$$\sqrt{\frac{72}{2}}+\frac{8}{9}\times 72+2=6+64+2=72$$

所以，这群蜜蜂一共有 72 只。

## 5.7　顽皮猴子的总数

[**题**] 另外一道印度的题目，我们可以直接用诗歌的形式来讲：

一群猴子很顽皮，
分成两队做游戏，
八分之一再平方，
树林作为游乐场，
其余十二叫吱吱，
陪着伙伴活跃起，
两队猴子乱糟糟，
试问总数共多少？

[**解**] 设两队猴子的总数为$x$，根据题意可以列出方程：

$$(\frac{x}{8})^2+12=x$$

解这个方程可得：

$$x_1=48，x_2=16$$

这两个解都符合题目要求。因此这群猴子可能有48只，也可能有16只。

## 5.8　有预见性的方程

在前面所讨论的几个例子中，由于题目的条件和要求，我们对得到的方程的两个解进行了不同的处理。

在第一道题中，由于求的是参加会议的人数，我们舍弃了方程的负数解；第二道题中，由于求的是蜜蜂的只数，所以我们去掉了分数解；第三道题中，由于两个解都符合题目要求，所以两个解同时采用了。第二个解的存在有时会起到出人意料的作用。现在就来举一个非常有预见性的例子。

[**题**] 以每秒25米的初速度向上抛起一个球，请问几秒钟后它离抛出点的距离是20米？

[**解**] 根据力学原理，对于向上抛起的物体，在没有空气阻力的条件下，我们可以列出如下的表达式：

$$h = vt - \frac{1}{2}gt^2$$

在这个方程中，$h$ 所表示的是物体与抛出点的距离。$v$ 表示的是抛出的初始速度，$g$ 表示的是重力加速度，$t$ 表示的是抛出后所经历的时间。

由于在速度不大的情况下，空气的阻力非常小，所以，可以把空气的阻力忽略不计。同时为了让计算变得更简便，我们将 $g$ 的值取为10米/秒$^2$，这与9.8米/秒$^2$只差了2%。把 $h$、$v$ 和 $g$ 的值代入上面的公式，可以得到如下方程：

$$20 = 25t - \frac{10t^2}{2}$$

经过化简，得：

$$t^2 - 5t + 4 = 0$$

解这个方程可以求出：

$$t_1 = 4，t_2 = 1。$$

这样的解说明，皮球在1秒钟后和4秒钟后都会处于离抛出点20米高的地方。

乍一看，我们会觉得这样的结果难以置信，并且会因为认为第二个解没有意义而毫不犹豫地舍弃它。但是这样的做法是不正确的，第二个解完全是有意义的。皮球确实会二次处于离抛出点 20 米的地方，这两次分别是：上升的过程中和升至最高点后下落的过程中。

由于皮球抛出时的初速度是每秒 25 米，所以上升的时间应该应该是 2.5 秒，2.5 秒之后，气球达到离地面 31.25 米的地方，然后开始下落。也就是说，皮球经过一秒钟之后，到达20米高的地方；之后还要继续再向上升1.5秒，然后再用1.5秒回到离抛出点 20 米的地方；又经过一秒钟之后，重新回到原来的抛出点。

## 5.9 农妇卖鸡蛋

司汤达曾在他的自传中提到过欧拉的一道题，这道题对他的影响非常大，让他明白了利用代数这种工具意味着什么。下面就是欧拉在他的《代数学入门》中所提出的那道让司汤达印象深刻的题目。

[**题**] 两个农妇带着鸡蛋去赶集，她们带的鸡蛋的总数是 100 枚，其中一个人带得比较多，另一个带得比较少，但是，最终两个人卖鸡蛋所得的钱数却一样多。于是，第一个农妇对第二个农妇说：“如果让我来卖你的鸡蛋，我可以卖得 15 个硬币。”第二个回答道：“如果让我来卖你的鸡蛋，我只能卖得 $6\frac{2}{3}$个硬币。”问：每个农妇各带了多少枚鸡蛋？

[**解**]设第一个农妇有 $x$ 枚鸡蛋，那么根据题意我们可以推断出，第二个农妇带了 $100-x$ 枚鸡蛋。由于第一个农妇说，如果让她来卖第二个农夫的鸡蛋，那么她可以卖得 15 个硬币，也就是说，第一个农妇卖鸡蛋时，售价是每枚鸡蛋

$$\frac{15}{100-x}\text{个硬币}$$

用同样的方法可以求出第二个农妇卖鸡蛋时，售价是每枚鸡蛋

$$6\frac{2}{3}\div x=\frac{20}{3x}\text{个硬币}$$

据此，我们可以写出每个农妇实际卖得的钱数：

第一个：$x\times\frac{15}{100-x}=\frac{15x}{100-x}$

第二个：$(100-x)\times\frac{20}{3x}=\frac{20(100-x)}{3x}$

又因为两人所得相等，所以可以列出如下方程：

$$\frac{15x}{100-x}=\frac{20(100-x)}{3x}$$

经过化简，可得：

$$5x+800x-40000=0$$

解方程，得到：

$$x_1=40,\ x_2=-200$$

由于题目所求的是两个农妇所带的鸡蛋的数量，所以负数解是没有意义的。所以，这道题只有 $x=40$ 一个解。所以答案就是第一个农妇带的鸡蛋的数量是 40 枚；第二个农妇带的鸡蛋的数量是60枚。

除了这种方法以外，这道题目还有另外一种更为简单的解法。这种解法非常巧妙，但是却不容易想到。

首先，设第一个农妇有 $x$ 枚鸡蛋，她每枚鸡蛋所卖的钱数为$y$；第二个农妇有$kx$枚鸡蛋。由于两个农妇最终所卖得的钱一样多，所以，第二个农妇每枚鸡蛋所卖的钱数应该为$\frac{y}{k}$，而且她们俩卖得的总钱数均为 $xy$。她们交换了手中的鸡蛋以后，第一个农妇卖得的钱数为 $kxy$，第二个农妇卖得的钱数为$\frac{xy}{k}$，也就是第一个农妇卖得的钱数是第二个农妇的$k^2$倍。据此，我们可以列出下面的方程：

$$k^2=15\div 6\frac{2}{3}=\frac{45}{20}=\frac{9}{4}$$

解得：

$$k=\frac{3}{2}$$

这样很容易就能求出，第一个农妇所带的鸡蛋的数量是40枚，第二个农妇所带的鸡蛋的数量是60枚。

## 5.10 广场上的扬声器

［**题**］广场上一共有5个扬声器，以一组2个、一组3个的形式分成了两组。两组扬声器相距50米。问：在什么地方两组扬声器的声音听起来强弱一样?

［**解**］设所求点与有两个扬声器那一组之间的距离为 $x$ 米，那么，所求点与三个扬声器那一组之间的距离就是 $50-x$ 米。

我们知道，声音的强弱与距离的二次方成反比，据此，可以列出如下方程：

$$\frac{2}{3}=\frac{x^2}{(50-x)^2}$$

化简之后，变为如下形式：

$$x^2+200x-5000=0$$

解这个方程，可以得出：

$$x_1=22.5,\ x_2=-222.5$$

这道题的正数解无疑是有意义的，它表明，在离 2 个扬声器那一组设备 22.5 米的地方，声音的强度相同。据此我们不难推断出，这个点离3个扬声器那一组设备的距离应该是27.5米。

那么这个方程的负数解，它有没有意义呢？

答案是肯定的。在这道题中，负数解表明的是所求出的声音听起来相同的点所在的方位与列方程的时候所规定的正方向方向相反。因此，第二个声音听起来强弱相同的点在离 2 个扬声器那一组设备 222.5 米的地方，这个地方与 3 个扬声器那一组设备的距离是222.5 + 50 = 272.5米。

用这种方法，我们在连接两组扬声器的直线上找到了两个声音强度一样的点。除了这两个点之外，在这条直线外还有许多这样的点。所有的这些点可以组成一个圆，而之前我们求出的这两个点就在这个圆上，而且恰好是它直径的两端。在这个圆内，两个扬声器的那组设备听起来比三个扬声器那组设备强度大，而在这个圆的外面，所听到的情况则正好相反。

## 5.11 名画中的“难题”

很多人都看过波丹达诺夫—别尔斯基的名画《口算》，但对于画上所示“难题”，却鲜有看画人进行深入地探究。这道题的难点在于，要求用口算很快地求出下面这个式子的结果：

$$\frac{10^2+11^2+12^2+13^2+14^2}{365}$$

这道题看上去不是一道很容易的题，但是有一位老师所教的学生们却能非常轻易地做出这道题。这位老师就是《口算》这幅画的主角——自然科学领域的教授拉钦斯基。他放弃了自己在大学里的教席，来到农村中学里当了一名普通的数学老师。他在自己任教的学校里推行一种口算法，这种口算法依靠的是熟练地利用数字的特性。10、11、12、13、14这几个数其实就具有一种十分有趣的特性，那就是：

$$10^2+11^2+12^2=13^2+14^2$$

由于 100 + 121 + 144 = 365，我们很容易就能算出，画里面的那道难题的答案就是2。

代数为我们提供了一些方法，把这些有趣的数列特性进行推广。下面我们就来探讨一下，还有没有其他的由 5 个数字组成的数列，也像上面的 5 个连续的数字一样，前面三个数的平方和等于后面两个数的平方和？

［**解**］设 $x$ 为所求数列的第一个数，据此，我们可以写出方程：

$$x^2+(x+1)^2+(x+2)^2=(x+3)^2+(x+4)^2$$

这样的方程计算起来比较麻烦。其实比较简单的做法是，我们设$x$为所求数列的第二个数。那么，方程可以写为：

$$x^2+(x-1)^2+(x+1)^2=(x+2)^2+(x+3)^2$$

化简之后，可得：

$$x^2-10x-11=0$$

解方程，求得：

$$x=5\pm\sqrt{25+11}$$

所以，

$$x_1=11,\ x_2=-1$$

因此，具有这种特性的数列共有两组：其中一组就是上面我们所提到的：

10、11、12、13、14

而另一组则是：-2、-1、0、1、2。

事实上，

$$(-2)^2+(-1)^2+0^2=1^2+2^2$$

这其实也是一组符合题意的答案。

## 5.12 找出这三个数

[**题**] 找出相邻的三个整数组成的数列，它具有下列特性：中间的数的平方减去其他两个数的乘积，所得结果为1。

[**解**] 设$x$为所求的数列的第一个数，根据题意，可以列出方程：

$$(x+1)^2 = x(x+2)+1$$

去括弧之后，得：

$$x^2+2x+1 = x^2+2x+1$$

这是一个恒等式。无论取什么值，它都是成立的。这就是说，任意一个连续三个整数所组成的数列都具有题中所要求的这种特性。我们可以找随意找一个数列验证一下：

17、18、19

由于

$$18^2 - 17 \times 19 = 324 - 323 = 1$$

所以，17、18、19是符合要求的数列。

如果我们用 $x$ 来表示所求数列的第二个数，那么我们就能更直观地看出这种关系的必然性。根据题意，我们可以列出这样一个等式：

$$x^2 - 1 = (x+1)(x-1)$$

很明显，这是一个恒等式。

## 5.13　方程王国里的夫妻速配

这天，维利卡的杂货店里来了三对夫妻，他们的名字分别为：伊凡、彼得、亚力克、玛丽亚、卡狄丽娜以及安娜。买完商品之后，这三对夫妻决定考考维利卡。

于是，在不知道他们之间的对应关系的情况下，维利卡只被告知，玛丽亚比彼得少买了 7 件商品，卡狄丽娜比伊凡少买了9件，并且他们6人中每个丈夫都比自己的妻子多花了48戈比，他们所买的商品数量的平方与买商品所花的戈比数相等。

只凭这些条件，你觉得维利卡能说出这三对夫妻之间的一一对应关系吗？

其实，这可难不倒经常和数学打交道的维利卡。在一番思索之后，维利卡开始解答了：

在这6人当中，设一个丈夫买了$x$件商品，一个妻子买了$y$件商品，根据他们告知的内容，则一个丈夫需要付出的商品价钱为$x^2$戈比，一个妻子则需付$y^2$戈比，根据条件，可知：

$x^2-y^2=48$，即$(x-y)(x+y)=48$

在这里，$x$、$y$都为正整数，并且要想使式子成立，$(x-y)$和$(x+y)$中的其中一个必为偶数，因此：$x+y>x-y$

然后，再回到式子：$(x-y)(x+y)=48$，根据48这个数的特性以及问题的条件，可以得出以下这几种情况：

$$48=2\times24$$
$$=4\times12$$
$$=6\times8$$

即

$$x-y=2，x+y=24$$

$$x-y=4，x+y=12$$

$$x-y=6，x+y=8$$

通过解答，可以得出三组答案：$x=13$，$y=11$；$x=8$，$y=4$；$x=7$，$y=1$。

因为卡狄丽娜比伊凡少买了9件，所以满足$x-y=9$这个条件的答案只有1种，所以很容易得出卡狄丽娜买了4件，伊凡买了13件商品；而玛丽亚比彼得少买了7件商品，根据刚才的三组答案，可知满足这个条件的只有1种，即$x$=8，$y$=1时，所以很快得知玛丽亚只买了1件，而彼得买了8件。

进行到这里，维利卡已经不难得出这三对夫妻之间的对应关系和他们所购买的商品数。

即伊凡（13件）和安娜（11件）是一对；第二对是彼得（8件）和卡狄丽娜（4件）；最后一对则是亚力克（7件）和玛丽亚（1件）。

正是凭着自己对数学的熟知和巧思，维利卡顺利通过了这三对夫妻的考验。可见，看似枯燥的方程王国里也有这般有趣的夫妻速配呢。

## 5.14　三辆摩托车的比赛

［**题**］在一辆摩托车比赛中，参赛的摩托车同时从起点出发，由于速度不同，第一辆车最先到达终点。第一辆车到达终点12分钟之后，第二辆车到达了终点，之后又过了3分钟，第三辆车也到达了终点。已知，第一辆车的时速比第二辆车快15千米，而第二辆车的时速又比第三辆车快3千米。

那么，赛道的长度是多少？三辆车分别以什么速度，用多长时间跑完了全程？

［**解**］题目中需要求出的未知数有七个之多，但是我们在解题时却并不需要设那么多的未知数。在解题时只需要设两个未知数就可以了。

设第二辆摩托车的行驶速度为 $x$，那么第一辆摩托车的行驶速度就是$x+15$，而第三辆摩托车的行驶速度就是$x-3$。

设赛程为$y$。那么每辆摩托车到达终点所用的时间分别是：

第一辆车

$$\frac{y}{x+15}\text{小时}$$

第二辆车

$$\frac{y}{x}\text{小时}$$

第三辆车

$$\frac{y}{x-3}\text{小时}$$

因为第二辆车到达终点所用的时间比第一辆要多 12 分钟，也就是$\frac{1}{5}$小时。

据此我们可以列出方程：

$$\frac{y}{x}-\frac{y}{x+15}=\frac{1}{5}$$

又因为第二辆车到达终点所用的时间比第三辆车少3分钟，也就是$\frac{1}{20}$小时，所以：

$$\frac{y}{x-3}-\frac{y}{x}=\frac{1}{20}$$

把第二个方程乘4，然后用第一个方程减去这个乘积可得：

$$\frac{y}{x}-\frac{y}{x+5}-4(\frac{y}{x-3}-\frac{y}{x})=0$$

化去上述方程中的分母，得出方程：

$$(x+15)(x-3)-x(x-3)-4x(x+15)+4(x+15)(x-3)=0$$

解方程可得：

$$x = 75$$

也就是说，第二辆摩托车的速度是每小时75千米。

将$x$的值代入第一个方程中，可以得出：

$$y = 90$$

根据$x$和$y$的值，我们也就能求出三辆摩托车各自的速度分别为：

90千米/小时，75千米/小时，72千米/小时。

比赛全程的长度为90千米。

三辆摩托车跑完全程所用的时间分别是：

第一辆车…………1小时

第二辆车…………1小时12分钟

第三辆车…………1小时15分钟

这样，这道题就完全解答出来了。

## 5.15　飞机怎么飞才能航行更快

［**题**］一架飞机从$A$地沿直线飞往$B$地，然后又从$B$地沿原航线返回$A$地。飞行途中，没有风速，且飞机的发动机速度保持不变。现在的问题是，如果其他的条件保持不变，只是在全航程中从$A$地刮向$B$地有一定量的不变风速，那么，这架飞机往返航程所需的时间和原来无风速时相比，是会更多、更少还是会保持不变？

［**解**］也许你会认为，由于风速不变，因此飞机在顺风时受到的推力和在逆风时受到的阻力是一样的。这使人容易得出

结论：飞机在有风但风速不变的情况下往返航程所需的时间和无风速时相比保持不变。但这个结论是错误的。

这个思路有一个重要的忽略，即飞机在顺风时飞完一半航程所需的时间比在逆风时飞完另一半航程所需的时间少。也就是说，在往返航程中，飞机有更多的时间是在逆风中航行，因此飞机在有风但风速不大的情况下往返航程所需的时间，比无风速时要更多。

当然，我们还可以运用不等式来解答这个问题。

设飞机的速度为$v$，$AB$之间的路程为$s$，风速为$c$，则无风时飞机往返所需时间为$\frac{2s}{v}=s(\frac{2v}{v\times v})$。

有风时飞机往返所需时间为$\frac{s}{v+c}+\frac{s}{v-c}=s[\frac{2v}{(v+c)(v-c)}]$。

因此，我们只需比较$(v+c)(v-c)$和$v^2$的大小。若$c\neq 0$，则显而易见$v^2>(v+c)(v-c)$，分母越大，分数越小，所以无风时飞机航行所用的时间少于有风时所用的时间。

## 【奇妙数学大战】置家能手的购买大计

如果你新搬了家，各种东西都会显得有些缺乏。如果你恰巧又需要招待客人，那只好去商店买了。

基拉来到餐具店，一看价钱，发现自己所带的钱正好可以购买21把叉子和21把匙，或者买28把小刀。但他需要买成套的餐具，如果买的叉子、匙、小刀数量不一样，就无法成套，所以他必须买同样多的叉、匙、小刀，并且正好将身上的钱用完。那么你能帮他想个办法吗？

【答案·点拨】

假设A为1把叉子和1把匙加在一起的价钱，B为一把小刀的价钱，C为基拉所花的总钱数。则可得到下列等式21A=C=28B，即21A=28B，所以A=$\frac{4}{3}$，也就是说，叉子和匙的单价是小刀单价的 。

如果基拉买$x$套餐具，则有$x$（A+B）=C，A用$\frac{4}{3}$B代替，C用28B代替，就可得到$x$（$\frac{4}{3}$B+B）= 28B，两边都除以B，得到$\frac{7}{3}x$=28，所以$x$=12。也就是说基拉身上的钱能正好买12套餐具。

# 第六章

## 数学的世界，尽头在哪里

## ——最大值和最小值

在这一章里，我们要讲的问题都比较有趣，是关于求某些量的最大值或最小值的问题。这类问题通常都有很多种解法，下面就来介绍其中的一种。

俄罗斯数学家切比雪夫在他的著作《地图的绘制》中写道，有一类科学方法解决了人类实践活动中最普遍和最现实的问题：也就是如何处理才能实现利益的最大化的问题。这类科学方法在我们的生活、生产中具有非常重要的意义。

## 6.1　两列火车什么时候最近

[**题**] 两列火车沿着两条垂直交叉的铁路朝着交叉点的方向行驶。已知它们在相同的时间出发，其中一列从距交叉点40千米的车站以每分钟800米的速度驶来，而另一列从距交叉点50千米的另一车站以每分钟600米的速度驶来。

问：两车开出以后，经过多长时间两个车头之间的距离最短？这个最短距离是多少？

[**解**] 根据题意，我们可以先画出一个如图9所示的示意图。设两条互相交叉的铁路线分别为直线$AB$和$CD$。$B$站与交叉点之间的距离为40千米处，$D$站与交叉点之间的距离为50千米。设两车开出之后，经过$x$分钟，两车头之间的距离为$MN$，这时两车头之间的距离是最短的。

令$MN=m$。由于从$B$站开出的火车行驶速度为每分钟800米也就是0.8千米，所以$x$分钟之后，它行驶的路程$BM=0.8x$。所以，$OM=40-0.8x$。用同样的方法也可以求出这时$ON=50-0.6x$。根据题意，按照勾股定理，我们可以列出如下表达式：

$$MN=m=\sqrt{OM^2+ON^2}=\sqrt{(40-0.8x)^2+(50-0.6x)^2}$$

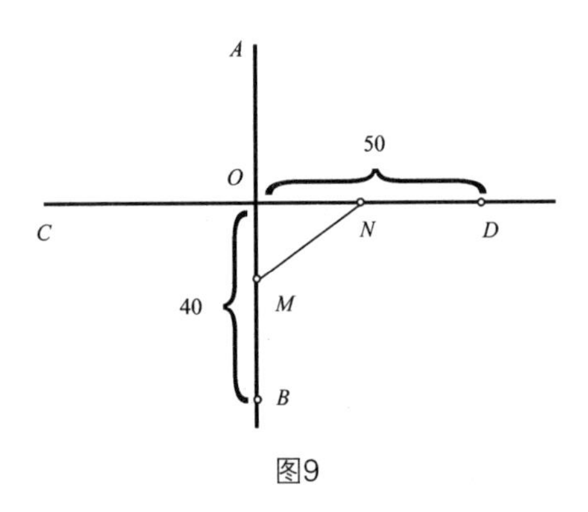


图9

经过化简可得：

$$x^2-124x+4100-m^2=0$$

用含有$m$的表达式来表示，可得：

$$x=62\pm\sqrt{m^2-256}$$

表示的是所经过的时间，所以 $x$ 的值不能是虚数。所以 $m^2-256$ 的值应该是一个大于等于0的数值。又因为我们要求的是$m$的最小值，而当$m^2-256$为0时，$m$的值应该是最小的。所以

$m^2=256$，即 $m=16$。

这时，经计算可得$x=62$。

所以，这道题的答案应该是，两列火车开出 62 分钟之后，两个车头彼此离得最近。这时，它们之间的距离是16千米。

下面我们来求一下这个时候两个车头的位置。首先，让我们计算一下$OM$的长度，它等于

$$40-62\times0.8=-9.6。$$

在这里，–9.6表明火车已经越过了交叉点，并又向前行驶了9.6千米。用同样的方法，我们也可以求出$ON$的长度

$$50 - 62 \times 06 = 12.8$$

也就是说第二列火车还要再向前开12.8千米才能到达交叉点。如图10所示，两车头的位置与我们解题之前所画的图的样子已经完全不一样。尽管我们之前画的图非常不准确，但是，依据方程我们还是解出了正确的答案。方程之所以如此宽容，正是得益于代数正负号的规则。

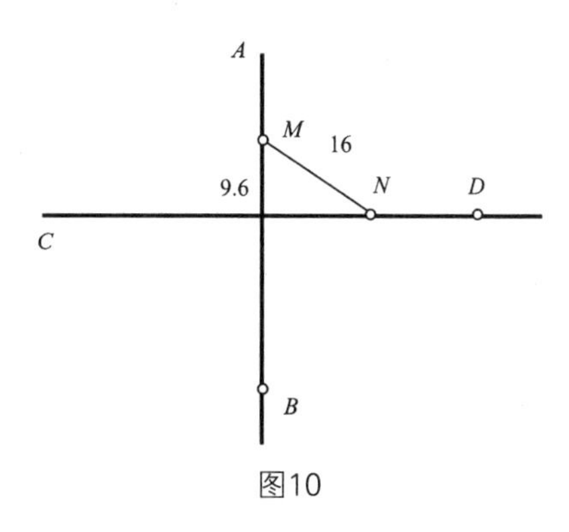


图10

## 6.2　小站应该设在哪里

［**题**］如图11所示，村子$B$位于一段笔直的铁路线的一旁，离它20千米的地方。现在，要设一个小站$C$，使沿铁路$AC$和公路$CB$从$A$点到达$B$点所用的时间最短$m$。

已知火车每分钟行驶0.8千米，汽车每分钟行驶0.2千米，那么这个小站$C$应该设在哪里？

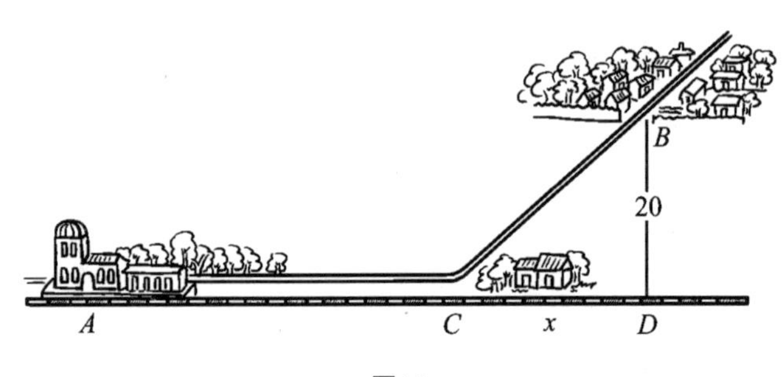


图11

[解] 设从 $A$ 点到 $BD$ 的垂足 $D$ 点的距离 $AD=a$，$CD=x$，所用的最短时间为 $m$。那么，$AC=AD-CD=a-x$，而 $CB=\sqrt{CD^2+BD^2}=\sqrt{x^2+20^2}$。坐火车从 $A$ 点走到 $C$ 点所需的时间为

$$\frac{AC}{0.8}=\frac{a-x}{0.8}$$

而坐汽车从C点到达B点所需的时间为

$$\frac{CB}{0.2}=\frac{\sqrt{x^2+20^2}}{0.2}$$

由此，可以计算出从A点到B点所需的总时间，就是

$$\frac{a-x}{0.8}+\frac{\sqrt{x^2+20^2}}{0.2}$$

也就是

$$m=\frac{a-x}{0.8}+\frac{\sqrt{x^2+20^2}}{0.2}$$

$m$应取最小值。我们可以转化成以下这种形式：

$$-\frac{x}{0.8}+\frac{\sqrt{x^2+20^2}}{0.2}=m-\frac{a}{0.8}$$

等式两边同时乘以0.8，可得

$$-x+4\sqrt{x^2+20^2}=0.8m-a$$

用$k$来表示$0.8m-a$，将两边平方变化一下，可得

$$15x^2-2kx+6400-k^2=0$$

求得：

$$x=\frac{k\pm\sqrt{6k^2-96000}}{15}$$

由于 $k=0.8m-a$，所以当 $m$ 的值最小时，$k$ 的值也最小，反过来也是这样[1]。但是，由于$x$是实数，所以$16k^2$应该大于等于 96000。所以，96000 是 $16k^2$ 的最小值。据此可以推出，当 $16k^2$取96000的时候，$m$的值最小，由此可以得出

$$k=\sqrt{6000}$$

这时

$$x=\frac{k\pm 0}{15}=\frac{\sqrt{6000}}{15}\approx 5.16$$

所以，无论 $AD$ 有多长，这个小站都应该设在距离 $D$ 点大约5千米的地方。

由于列方程的时候，我们认为 $a-x$ 这个式子应该是一个正数。所以，只有当$x>a$时，我们所求得的解才有意义。

而如果$x=a\approx 5.16$，或者 $a$ 小于5.16千米，那么就更适合直接开汽车去大站，小站的设立在这种情况下就没有太大的意义。

---

[1] 这里要说明$k>0$。因为 $0.8m=a-x+4\sqrt{x^2+20^2}>a-x+x=a$。

这次，我们比方程要想得周到。假如我们盲目地相信方程，根据方程所给我们的答案，在大站旁边再建造一个小站，那就显得太荒谬了。因为在这种情况下 $x>a$，那么沿铁路所走的时间

$$\frac{a-x}{0.8}$$

就是一个负数了。

这种情形对于我们来说很有启发意义，它告诉我们：在利用数学方法解决现实问题的时候，一定要慎重对待求得的结果。无论什么时候都不能忘记，如果忽略了使用数学方法所依据的前提，那么所得的结果就没有实际意义。

## 6.3 公路路线怎样确定

[**题**] 如图 12 所示，$A$、$B$ 是两个沿河城市，$B$ 位于 $A$ 下游 $a$ 千米的地方，与河岸的距离为 $d$ 千米。

为了运输业的发展，现计划从 $B$ 城修一条到河岸的公路。已知如果按照每吨每千米来计算，水路运费是公路运费的一半。为了使 $A$ 和 $B$ 之间的运费达到最低，这条路应该怎么修？

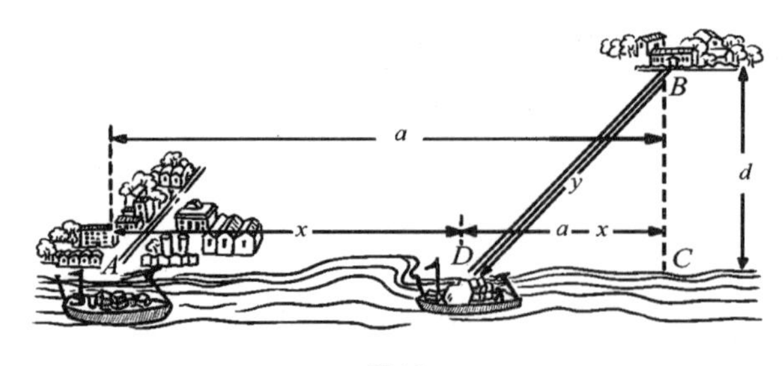


图12

［**解**］用$x$来表示$AD$之间的距离，用$y$来表示公路$DB$的长度，按图中假设$AC=a$，$BC=d$。

由于公路运费是水路运费的2倍，设运费的最小值为$m$，那么

$$x+2y=m$$

由于$x=a-DC$，$DC=\sqrt{y^2-d^2}$；所以，方程可以变为

$$a-\sqrt{y^2-d^2}+2y=m$$

去根号，得：

$$3y^2-4(m-a)+(m-a)^2+d^2=0$$

$$y=\frac{2}{3}(m-a)\pm\sqrt{\frac{(m-a)^2-3d^2}{3}}$$

由于$y$应该是一个实数，所以（$m-a$）$^2$应该大于等于$3d^2$。因此（$m-a$）$^2$的最小值是$3d^2$。于是

$$m-a=\sqrt{3}d,\quad y=\frac{2\sqrt{3}d}{3}$$

由于$\sin\angle BDC=d\div y$，也就是

$$\sin\angle BDC=\frac{d}{y}=d\div\frac{2d\sqrt{3}}{3}=\frac{\sqrt{3}}{2}$$

所以$\angle BDC=60°$。也就是说，不管$AC$之间的距离多远，这条公路都应该修成与河成60°的夹角。

求解之后，我们还要结合现实对结果进行一些必要的判断。如果城市$A$与城市$B$所在的直线与河流所成的角小于60°，按照我们的计算结果，公路就会修到城市$A$的另外一侧。这种情况下，我们的计算结果显然是不合适的，最省钱的

方式其实是直接修一条连接城市$A$与城市$B$的公路。

## 6.4 什么时候乘积最大

［**题**］两个数的和一定，当这两个数分别为多少时，它们的乘积最大？

［**解**］设两个数的和为$a$。那么这两个数分别可以表示为：

$$\frac{a}{2}+x\text{和}\frac{a}{2}-x$$

在这两个表达式里，$x$表示的是每个数与$a$的半数之间的差。这两个数的乘积可以表示为：

$$\left(\frac{a}{2}+x\right)\left(\frac{a}{2}-x\right)=\frac{a^2}{4}-x^2$$

对于这个表达式来说，$x$所取的值越小，这两个数的差越小，它们的乘积也就越大。我们很容易就能看出来，当$x=0$，也就是两个数的值都是$\frac{a}{2}$时，它们的乘积是最大的。

由此可见，要使总和不变的两个数相乘时所得的乘积最大，需要使它们彼此相等。

如果是三个数呢，情况又会是怎么样呢？下面我们就来讨论一下三个数的情况。

［**题**］设三个数的和为$a$，那么应该把$a$分成怎样的三部分，这三个数的乘积才会最大？

［**解**］参考上题的解法，我们来解一下这道题。

首先把$a$分成每一部分都不等于$\frac{a}{3}$的三部分。那么，由于三部分都小于$\frac{a}{3}$的情况不可能存在。所以，在这三个数中一定有一部分大于$\frac{a}{3}$，设这一部分为：

$$\frac{a}{3}+x$$

同样，这三个数中也一定会有一部分小于$\frac{a}{3}$，设这一部分为：

$$\frac{a}{3}-y$$

由于$x$和$y$都是正数，所以第三部分应当等于

$$\frac{a}{3}+y-x$$

$\frac{a}{3}$与$\frac{a}{3}-y+x$的和与前两部分（$\frac{a}{3}+x$）+（$\frac{a}{3}-y$）的和相等，而它们的差$x-y$，小于前两部分的差$x+y$。由上题所得的结论可知，

$$\frac{a}{3}\left(\frac{a}{3}-y+x\right)$$

的值要大于前两部分的乘积。

所以，如果把前两部分$\frac{a}{3}+x$和$\frac{a}{3}-y$分别用$\frac{a}{3}$和$\frac{a}{3}-y+x$来取代，而保持第三部分的值不变，它们的乘积就增加了。

现在我们设其中的一个数为$\frac{a}{3}$，其他两个数分别为：

$$\frac{a}{3}+z \text{ 和 } \frac{a}{3}-z$$

由上一题的结论可知，如果$\frac{a}{3}+z$和$\frac{a}{3}-z$的值相等，也就是后面的两个数也都等于$\frac{a}{3}$，那么后两个数的乘积会变得更大，也就相当于三个数的乘积变得更大，也就是：

$$\frac{a}{3}\times\frac{a}{3}\times\frac{a}{3}=\frac{a^3}{27}$$

当把数 $a$ 分成不均等的三份时，它们的乘积肯定小于$\frac{a^3}{27}$。所以，把$a$平均分成三份时，所得的乘积最大。

用同样的方法我们还可以证明出这个定理对于四个、五个乃至更多个的乘数都是成立的。

下面，让我们来讨论一个更普遍的情形。

［**题**］假如 $x+y=a$，那么 $x$ 和 $y$ 分别取什么值的时候，$x^p y^q$ 这个式子的值是最大的。

［**解**］由于 $x+y=a$，所以题目可以转化为求 $x$ 为何值时，表达式

$$x^p(a-x)^q$$

的值最大。

首先，我们用上面的式子乘以$\frac{1}{p^p q^q}$，得：

$$\frac{x^p(a-x)^q}{p^p q^q}$$

很明显，只有当它和原式相等的时候，才能取得最大值。

我们把刚才所得的式子写成如下形式：

$$\frac{x}{p}\times\frac{x}{p}\times\frac{x}{p}\times\frac{x}{p}\times\cdots\times\frac{a-x}{q}\times\frac{a-x}{q}\times\frac{a-x}{q}\times\frac{a-x}{q}\times\cdots$$

其中，$\frac{x}{p}$一共有 $p$ 次，$\frac{a-x}{q}$一共有 $q$ 次。对于这个表达式来说，所有乘数的总和等于

$$\frac{x}{p}+\frac{x}{p}+\frac{x}{p}+\frac{x}{p}+\cdots+\frac{a-x}{q}+\frac{a-x}{q}+\frac{a-x}{q}+\frac{a-x}{q}+\cdots$$

$$=\frac{px}{p}+\frac{q(a-x)}{q}=x+a-x=a$$

就是说，各项的总和是常数$a$。

根据前面两道题的结论，我们可以得出，当

$$\frac{x}{p}=\frac{a-x}{q}$$

也就是各个乘数都相等的时候，乘积达到最大值。

将$a-x=y$，代入上面的式子，经过化简可得：

$$\frac{x}{y}=\frac{p}{q}$$

也就是说，当$x+y$的总和一定时，如果$x:y=p:q$，那么$x^p y^q$的值最大。

用同样的方法我们也可以证明，当$x+y+z$，$x+y+z+t$的值保持不变，只有当$x:y:z=p:q:r$，$x:y:z:t=p:q:r:u$时，$x^p y^q z^r t^u$的值才能达到最大。

## 6.5　乘积不变的数什么时候和最小

为了检验自己证明代数定理的能力，你可以试着来证明一下下面这几道题。

（1）两个乘积一定的数，当它们的值相等时，其和最小。

例如，两个数的乘积是36，那么它们的和就有4+9=13，3+12 = 15，2+18=20，1+36=37，6+6=12。其中最小的就是6+6=12。

（2）几个乘积一定的数，当它们的值相等时，它们的和最小。

例如，三个数的乘积是216，那么它们的和就有这些：3+12+6=21，2+18+6=26，9+6+4=19，6+6+6=18。其中，

6+6+6=18最小。

下面我们就举一些实例来证明一下实践中是怎样运用这些定理的。

## 6.6 什么形状的方木梁体积最大

[**题**] 如图13所示，如果要把这样一根圆木锯成方梁，那么当把截面锯成什么形状时，方木梁的体积最大？

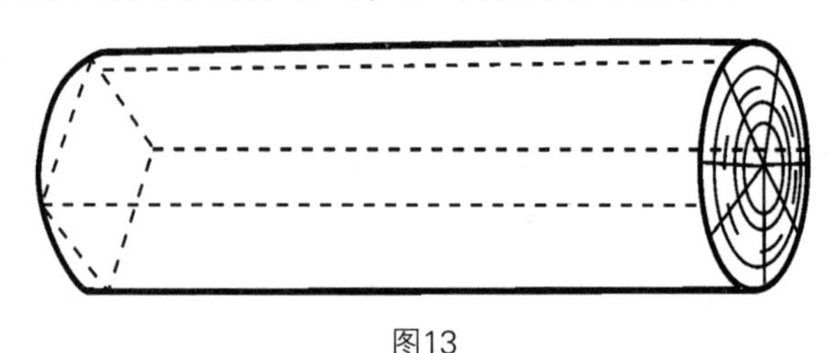

图13

[**解**] 设所锯成的矩形截面的两边分别为 $x$、$y$，设圆木的直径为 $d$，那么根据勾股定理可以列出下面等式：

$$x^2 + y^2 = d^2$$

由题意可知，要使方木梁的体积最大，则必须使截面的面积最大，也就是 $d$ 的值应该最大。而当 $xy$ 的值最大时，$x^2y^2$ 的值也最大。

由于 $d$ 是个定值，也就是说 $x^2 + y^2$ 的值是固定的。所以根据前面证明所得的结论，当 $x^2 = y^2$ 或 $x = y$ 时，乘积 $x^2y^2$ 的值达到最大。

即，方木梁的截面应该是一个正方形。

## 6.7　什么形状的土地面积最大

[**题**]（1）一块面积一定的矩形土地，当它是什么形状时，周围的篱笆长度最短？

（2）一块周围篱笆长度一定的矩形土地，当它是什么形状时，它的面积最大？

[**解**]（1）设矩形土地的两边长分别为 $x$ 和 $y$。那么，这块矩形土地的面积就是 $xy$，而它周围的篱笆长度为 $2x+2y$。所以要使篱笆的长度最小，那么就必须使 $x+y$ 的值达到最小。

由前面的结论可知，乘积 $xy$ 的值一定，要使 $x+y$ 的值最小，那么必须使 $x=y$。也就是说，要使篱笆的长度最短，则所求的矩形必须是一个正方形。

（2）仍然设矩形的两边分别为 $x$、$y$，那么它的面积就是 $xy$，而它周围篱笆的长度就是 $2x+2y$。由于 $2x+2y$ 的值是一定的，所以只有当 $2x=2y$，也就是 $x=y$ 时，乘积 $4xy$ 最大，此时 $xy$ 的值也是最大的。所以，当这块地是正方形的时候，它的面积最大。

根据上面的结论，我们可以在大家都熟知的正方形的性质之外再增补一条：当矩形的面积一定时，正方形的周长最短；当矩形的周长一定时，正方形的面积最大。

## 6.8　什么形状的风筝面积最大

[**题**]一个周长一定的扇形风筝，当它是什么形状时，面积最大？

［**解**］我们要求的其实就是一个周长一定的扇形，当它的弧长和半径的比是多少时，它的面积达到最大。

如图 14 所示，用 $x$ 来表示这个扇形的半径，用 $y$ 来表示这个扇形的弧长。那么这个扇形的周长 $l$ 和它的面积 $S$ 就可以用如下方式来表示：

$$l = 2x + y,\ S = \frac{xy}{2} = \frac{x(l-2x)}{2}$$

要使 $S$ 的值达到最大，只需要使乘积 $2x$（$l-2x$），也就是 $4S$ 达到最大。由于 $2x+$（$l-2x$）$= l$ 是一个常数，根据前面的结论，当 $2x = l + 2x$ 时，$2x$（$l-2x$）的值达到最大。也就是说，当

$$x = \frac{l}{4},\ y = l - 2 \times \frac{l}{4} = \frac{l}{2}$$

时，$2x$（$l-2x$）的值最大，此时，面积 $S$ 的值也是最大。

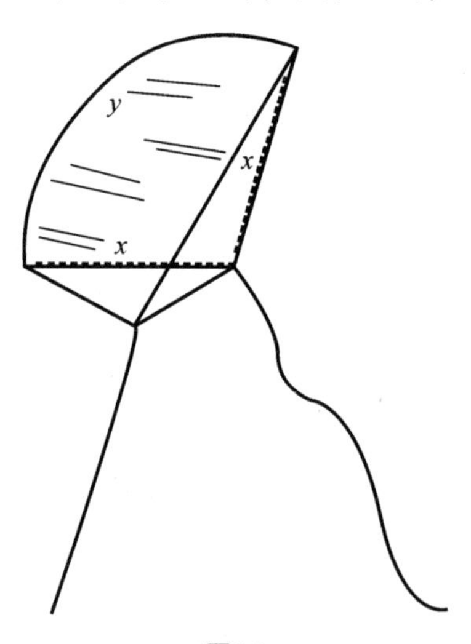


图14

所以，对于周长一定的扇形，当它的弧长是半径的2倍时，它的面积最大。这时，扇形的圆心角≈ 115°，约等于两弧度。这就是我们所要求的风筝的形状，至于这样一个风筝放起来效果怎样，就不在我们的考虑范围之内了。

## 6.9　怎样利用旧墙最合理

［**题**］在只剩一面墙的房屋旧址上盖一栋新房。旧墙的长度是12米，要建的新房面积为112平方米。建造新房的过程中，

（1）修理 1 米旧墙所需的费用是砌 1 米新墙所需费用的25%；

（2）拆 1 米旧墙，用旧料再砌 1 米新墙，所需的费用是用新材料砌新墙所需费用的 50%。这种情况下，怎样利用这堵旧墙最合算？

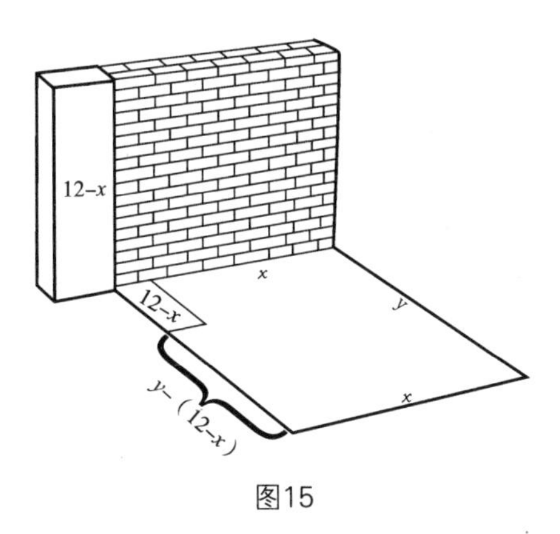


图15

［**解**］如图 15 所示，设保留的旧墙的长度为 $x$ 米，用新料砌新墙每米的费用为 $a$。那么拆掉的长度就是 $12-x$ 米；修

理 $x$ 米旧墙所需的费用就是$\frac{ax}{4}$；用旧料再砌 $12-x$ 米新墙所需的费用就是$\frac{a(12-x)}{2}$；这面墙的其余部分所需的费用就是$a[y-(12-x)]$，即$a$（$y+x-12$）；第三面墙和第四面墙所需的费用分别是$ax$和$ay$。整个工程一共所需的费用是：

$$\frac{ax}{4}+\frac{a(12-x)}{2}+a(y+x-12)+ax+ay=\frac{a(7x+8y)}{4}-6a$$

我们知道，只有在 $7x+8y$ 的值最小时，上面式子的值才能达到最小。

由于房子的面积$x$=112，所以

$$7x\times 8y=56xy=112$$

由此可知，$7x$ 和 $8y$ 的乘积是个固定值。由前面的结论可知，当

$$7x=8y$$

时，$7x+8y$的值最小。此时，

$$y=\frac{7}{8}x$$

又因为

$$xy=112$$

联立解可得：

$$\frac{7}{8}x^2=112，x=\sqrt{128}\approx 11.3$$

也就是保留旧墙的长度为 11.3 米，拆掉的旧墙长度为 0.7 米。

## 6.10　怎样圈地最大

［**题**］如图 16 所示，建房子时，要先用栅栏把建筑工地圈起来。现在我们有可以做 $l$ 米栅栏的材料，而且还可以利用之前的一段旧墙。在这种情况下，怎样才能使圈起来的矩形工地的面积达到最大？

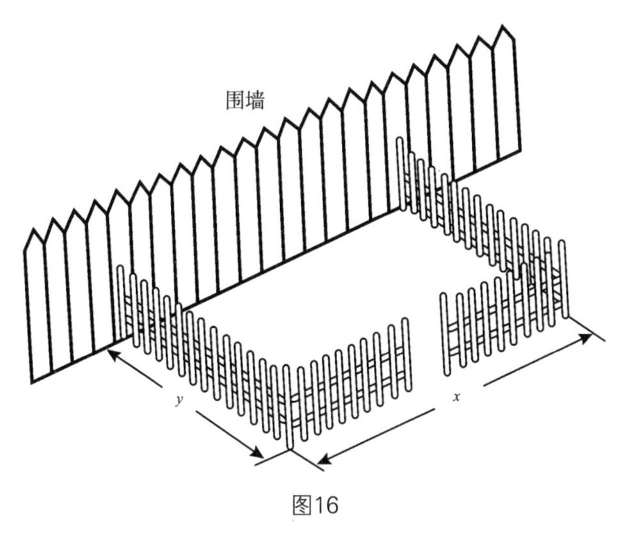


图16

［**解**］设使用的旧围墙的长度为 $x$ 米，垂直于旧围墙的方向上，新栅栏的宽度为 $y$ 米。那么，如果要围起这块工地，需要做的新栅栏的长度为 $x+2y$，而且由题意知，

$$x+2y=l$$

工地的面积 $S$ 等于

$$S=xy=y(l-2y)$$

要使面积 $S$ 达到最大值，则 $2y(l-2y)$ 也就是 $2S$ 也必须达

到最大值。由于$2y+(l-2y)=l$，也就是说表达式$2y(l-2y)$的两个乘数的和是固定的。因此要使它们的积最大，则只需使

$$2y=l-2y$$

由此，可以得出

$$y=\frac{l}{4},\ x=l-2y=\frac{l}{2}$$

也就是说，$x=2y$，这块工地的长度应该是它宽度的 2 倍，也就是说当$x=\frac{1}{2}$，$y=\frac{1}{4}$时，圈起来的面积最大。

## ◢ 6.11　怎样做出最大面积的金属槽

［**题**］如图 17 所示，用一块矩形的贴片做一个截面为等腰梯形的槽。可做成图 18 所示的不同样子。试问各面多宽，折成的角度多大时（图 19），槽的截面积最大？

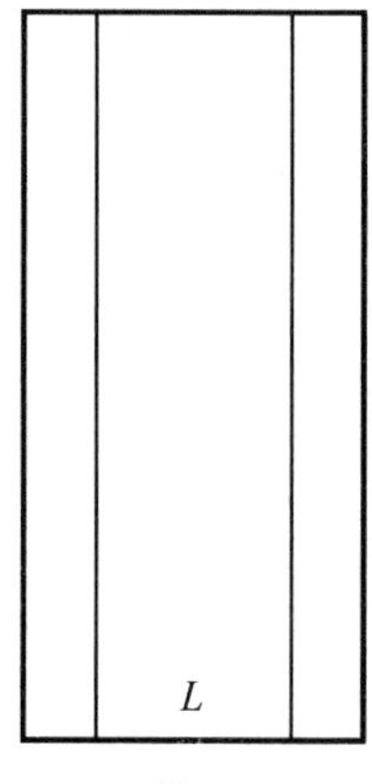


图17

［**解**］设铁片的宽度为 $L$，侧面的宽度为 $x$，底面的宽度为 $y$。除此之外，我们还要引入一个未知数 $z$ 来表示如图 20 所示的部分。

根据题意，我们可以表示出槽的截面积：

$$S=\frac{(z+y+z)+y}{2}\sqrt{x^2-z^2}=\sqrt{(y+z)^2(x^2-z^2)}$$

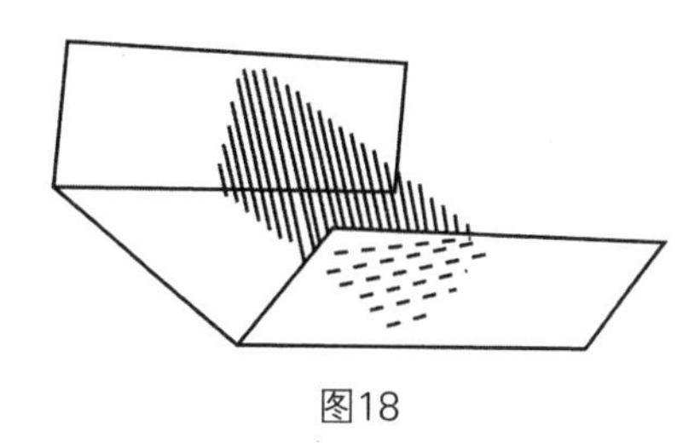

图18

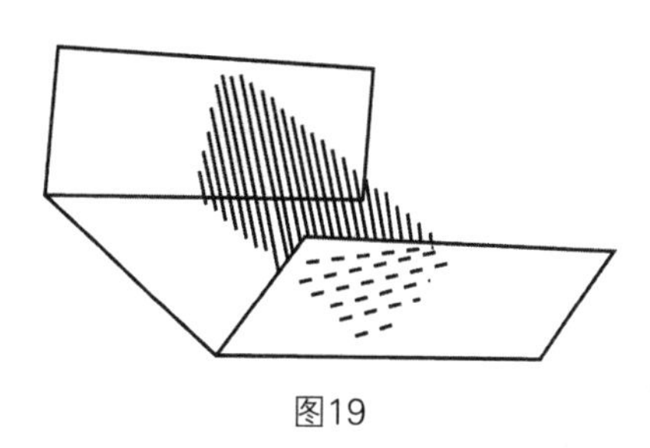

图19

于是，该题就转化为确定 $x$、$y$、$z$ 分别为何值时，$S$ 的值可以达到最大。

变换上面的等式，得：

$$S^2=(y+z)^2(x+z)(x-z)$$

当 $S^2$ 达到最大时，$3S^2$ 也将达到最大。$3S^2$ 可以用如下的形式来表示：

$$(y+z)(y+z)(x+z)(3x-3z)$$

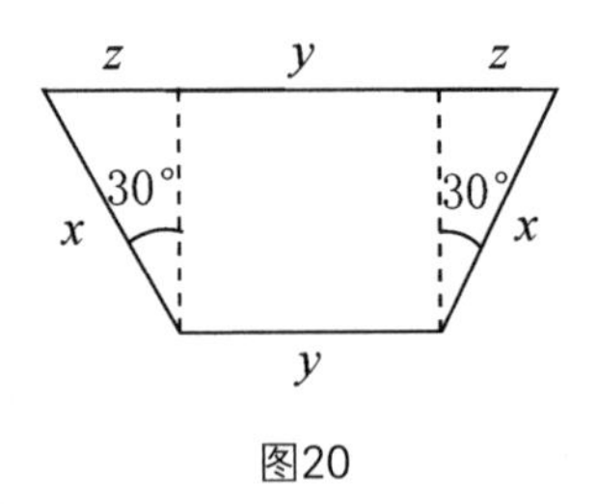


图20

这四个乘数的和

$$y+z+y+z+x+z+3x-3z=4x+2y=2L$$

由于$L$表示的是铁片的宽度，所以说$L$是个定值，$2L$自然也是个定值。在这种情况下，只有当

$$y+z=z+x=3x-3z$$

时，$3S^2$的值可以达到最大。

由上面等式以及$2x+y=L$可以得出

$$x=y=\frac{L}{3}$$

$$z=\frac{x}{2}=\frac{L}{6}$$

另外，由于直角边的长度$z$是斜边长度$x$的$\frac{1}{2}$（图21），所以对着这条直角边的角是30°。故槽的底面和斜面之间的夹角等于

$$90°+30°=120°$$

也就是，当这个槽的侧面各边折成正六边形的三个相邻边时，它的截面积达到最大。

## 6.12　容量最大的漏斗

**［题］** 如图21所示，为了用一块圆形的铁片来做一个圆锥形的漏斗，要先从这块铁片上割去一个扇形，然后再把剩下的部分卷成一个圆锥。问：要使漏斗的容量最大，那么所割去的扇形的弧度应该是多少？

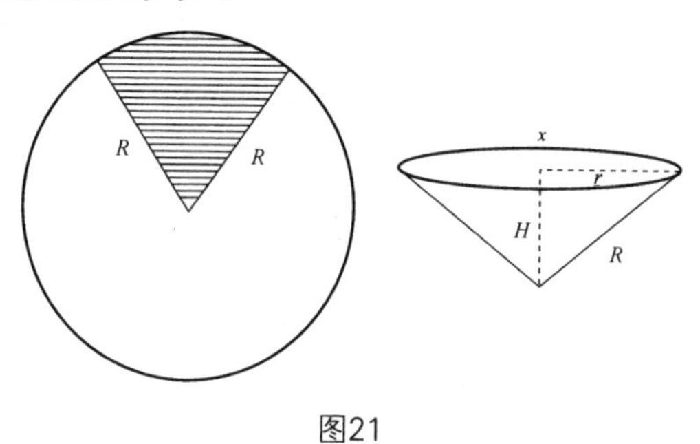


图21

**［解］** 设割去一部分之后，剩余的用来做漏斗的那部分铁片的弧长为 $x$。由题意可知，圆锥侧面的母线的长度等于铁片的半径，而 $x$ 则成了圆锥底面的周长。设圆锥的底面半径为 $r$，那么依据下列等式

$$2\pi r = x$$

可以求出

$$r = \frac{x}{2\pi}$$

根据勾股定理，可以求出锥体的高：

$$H = \sqrt{R^2 - r^2} = \sqrt{R^2 - \frac{x^2}{4\pi^2}}$$

漏斗的体积也就可以表示为：

$$V=\frac{\pi}{3}r^2H=\frac{\pi}{3}(\frac{x}{2\pi})^2\sqrt{R^2-\frac{x^2}{4\pi^2}}$$

当体积$V$的值达到最大时，

$$(\frac{x}{2\pi})^2\sqrt{R^2-(\frac{x}{2\pi})^2}$$

以及它的平方

$$(\frac{x}{2\pi})^4\left[R^2-(\frac{x}{2\pi})^2\right]$$

的值也达到最大。

由于$(\frac{x}{2\pi})^2+R^2-(\frac{x}{2\pi})^2=R^2$，而$R^2$是一个常数，所以，要想使乘积达到最大，$x$的值应该满足

$$(\frac{x}{2\pi})^2:[R^2-(\frac{x}{2\pi})^2]=2:1$$

因此

$$(\frac{x}{2\pi})^2=2R^2-2(\frac{x}{2\pi})^2$$

$$3(\frac{x}{2\pi})^2=2R^2\text{，所以 }x=\frac{2\pi}{3}R\sqrt{6}\approx 5.15R$$

也就是说，做成漏斗的铁片的弧度$x\approx 295°$，割掉的扇形弧度也就是$65°$。

## 6.13 蜡烛离硬币多远照得最亮

[**题**] 桌上摆着一枚硬币和一支蜡烛（图22），为了把这枚硬币照得最亮，蜡烛的火焰应该距离桌面多高？

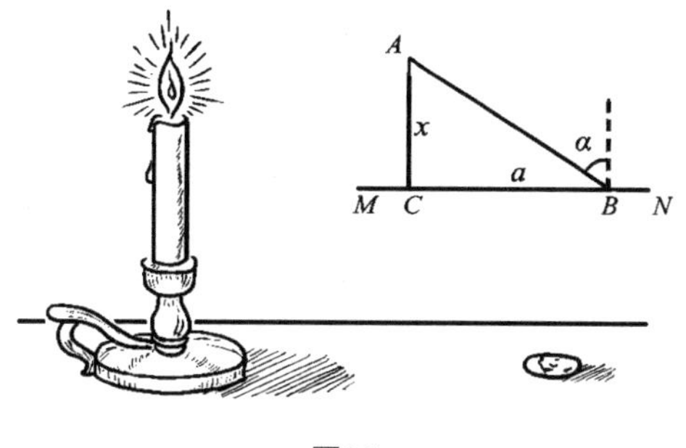


图22

［**解**］面对这样的一个问题，很多人会觉得，要想把这枚硬币照得最亮，只需要把蜡烛的火焰尽量放低。这是不对的，因为当火焰很低的时候，火焰的光线就会射得很斜，这时，硬币是不能被照得很亮的。而当我们把蜡烛举得过高时，光线虽然变直，但是这样离光源的距离就太远了。显然，当蜡烛的火焰应该处于桌子上方某一合适的高度时，才能把硬币照得最亮。

如图23所示，我们用$x$来表示火焰的高度，用$a$来表示从硬币$B$到蜡烛与桌面的垂点$C$之间的距离$BC$。如果用$i$来表示火焰的光度，那么根据光学定律，硬币的亮度就可以用如下的公式来表示：

$$\frac{i}{AB^2}\cos\alpha=\frac{i\cos\alpha}{\sqrt{(a^2+x^2)^2}}=\frac{i\cos\alpha}{a^2+x^2}$$

在这个表达式中，$\alpha$指的是光线AB投射的角度，由于

$$\cos\alpha=\cos A=\frac{x}{AB}=\frac{x}{\sqrt{a^2+x^2}}$$

所以，硬币的亮度等于：

$$\frac{i}{a^2+x^2}\times\frac{x}{\sqrt{a^2+x^2}}=\frac{ix}{(a^2+x^2)^{\frac{3}{2}}}$$

当这个表达式所取的值达到最大时，它的平方，也就是

$$\frac{i^2x^2}{(a^2+x^2)^3}$$

所取的值也达到最大。

由于 $i$ 是一个常数，所以可以把它略去。式子的其余部分可以这样进行变化：

$$\frac{x^2}{(a^2+x^2)^3}=\frac{1}{(x^2+a^2)^2}(1-\frac{a^2}{x^2+a^2})$$
$$=(\frac{1}{x^2+a^2})^2(1-\frac{a^2}{x^2+a^2})$$

当

$$(\frac{a^2}{a^2+x^2})^2(1-\frac{a^2}{x^2+a^2})$$

的值达到最大时，$(\frac{1}{x^2+a^2})^2(1-\frac{a^2}{x^2+a^2})$也达到最大。因为加进一个是常数的乘数时，乘积达到最大值时 $x$ 的取值不受影响。由于

$$\frac{a^2}{a^2+x^2}+1-\frac{a^2}{x^2+a^2}=1$$

而1是一个常数。所以，

$$当\frac{a^2}{a^2+x^2}:(1-\frac{a^2}{x^2+a^2})=2:1$$

时，$(\frac{a^2}{a^2+x^2})^2(1-\frac{a^2}{x^2+a^2})$的值达到最大，此时硬币的亮度也是最大。

由此得出方程：

$$a^2=2a^2+2x^2-2a^2$$

解得：

$$x=\frac{a}{\sqrt{2}}\approx 0.71a$$

也就是说，当蜡烛火焰离桌面的垂直距离是硬币和蜡烛投影之间距离的0.71倍时，硬币的亮度最大。这一比例关系对于人们布置工作场所的照明设备有很大的帮助。

## 6.14　如何最快到达机场

与机场有关的数学趣题有很多，下面先来看一道比较简单的。

某航空公司有一个环球飞行计划，但有下列条件：所有飞机从同一机场起飞，而且必须安全返回机场，不允许中途降落，中途没有飞机场，加油时间忽略不计。每个飞机只有一个油箱，飞机之间可以相互加油（没有加油机）；一箱油可供一架飞机绕地球飞半圈。

为使至少一架飞机绕地球一圈回到起飞时的飞机场，至少需要出动几架次飞机（包括绕地球一周的那架在内）？

要想解决这道题，不但需要具备一定的数学思维，还需要一定的空间思维。

假设3架飞机分别为$A$、$B$、$C$。3架同时起飞，飞行至$\frac{1}{8}$处，其中一架（$A$）分油后，安全返航；剩余两架（$B$、$C$）飞行到$\frac{1}{4}$处时，其中一架（$B$）分油后，安全返航；$A$降落后加完油，在$B$返回后马上起飞，逆向接应$C$；同样$B$降落后加完油，也立即逆向起飞，接应$A$、$C$；与$A$、$C$在逆向$\frac{1}{4}$处相遇，分油后，同飞行；3架飞机在逆向$\frac{1}{8}$处相遇，分油后继续飞行，这样就可以完成任务了。所以，3架飞机飞5次就可以完成任务。为了进一步拓展思维，我们再来看一道比较有难度的题目。

部队有两支队伍要到机场执行任务，机场距离部队所在的位置有24千米。但因情况紧急，部队只有一辆汽车可供使用，且这辆汽车每次只能搭载一支部队的人。为了不耽误执行任务的时间，经过讨论决定，两支队伍决定同时出发，其中二队的人先步行前往，汽车由一队的人先来搭乘。经过一段时间后，汽车返回接上二队的人，一队的人则改为步行前往。

已知，汽车的速度是这两支队伍步行的7倍，且这两支队伍具有相同的步行速度。试问，为了节省时间，使两支队伍最快到达机场，接二队的汽车应选择在距机场多少千米处返回？

考虑到要想使两支队伍最快到达机场，那么搭乘汽车的二队应和后来步行的一队同时到达机场。

我们可以设部队的位置为$A$点，$D$点为机场的位置。

当汽车开至$C$地返回，二队在$D$地上车，可以知道汽车从部队开到$C$地，再返回到$D$地，需要的时间等于二队从部队行至$D$点所用的时间，由此可以得知汽车行驶的路程与二队的路程之比为7∶1。

根据题意，当汽车从$C$地返回至$D$地搭载二队到达机场，需要的时间也等于一队从$C$地下车步行到机场所需要的时间，因此这时汽车行驶的路程与一队的路程之比也是7∶1。

根据这些条件，有以下关系式：

$$AC+CD=7AD，CD+DB=7CB$$

即$DC=3AD$，$DC=3CB$，因此$AD:DC:CB=1:3:1$。所以，要想使两支队伍最快到达机场，汽车应在距机场$24\times\frac{1}{5}=2.8$千米处返回接二队。

到这里，问题也得以全部解决了。

## 6.15 至少要开放几个检票口

［**题**］在一间火车站的候车室里，旅客们正在等候检票。已知排队检票的旅客按照一定的速度在增加，检票的速度则保持不变。如果车站开放一个检票口，那么需要半小时才能让等待检票的旅客全部检票进站；如果同时开放两个检票口，那么就只需要10分钟便可让等待检票的旅客全部检票进站。现在有一班增开的列车很快就要离开了，必须在5分钟内让全部旅客都检票进站。

请问：这个火车站至少需要同时开放几个检票口？

［**解**］本题给出的数量关系比较隐蔽，经过仔细分析，可以发现涉及的量为：原排队人数、旅客按一定速度增加的人数、每个检票口检票的速度等。

现在，可以给分析出的每个量设定一个代表符号：设检票开始时等候检票的旅客人数为$x$人，排队旅客每分钟增加$y$人，每个检票口每分钟检票$z$人，最少同时开$n$个检票口，就可在5分钟内让全部旅客检票进站。

根据已知条件列出方程式：

开放一个检票口，需半小时检完，则$x + 30y = 30z$；

开放两个检票口，需10分钟检完，则$x + 10y = 2 \times 10z$；

开放$n$个检票口，最多需5分钟检完，则$x + 5y = n \times 5z$；

可解得$x = 15z$，$y = 1/2z$

将以上两式带入$x + 5y = n \times 5z$得$n = 3.5$，所以$n = 4$。

因此，答案是至少需同时开放4个检票口。

## 【奇妙数学大战】畅游威尼斯怎样才能最省钱

威尼斯是世界著名的水城，河网密布，行人出门大多坐船。由于各条河道上的船只种类不同，船费也不一样，每条路线都标明了船费。如果从甲地走到乙地，要求选择一条最省钱的路线。你能将这条路线在下图中标出，并算出最节省的船费是多少吗？

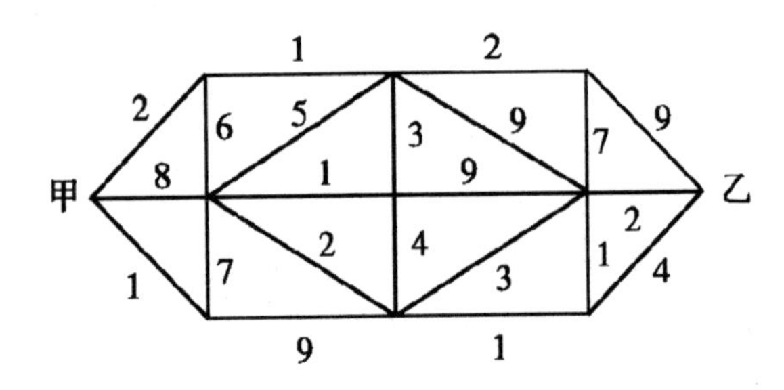

【答案·点拨】

最省钱的路线如下图所示。最省的船费是13。

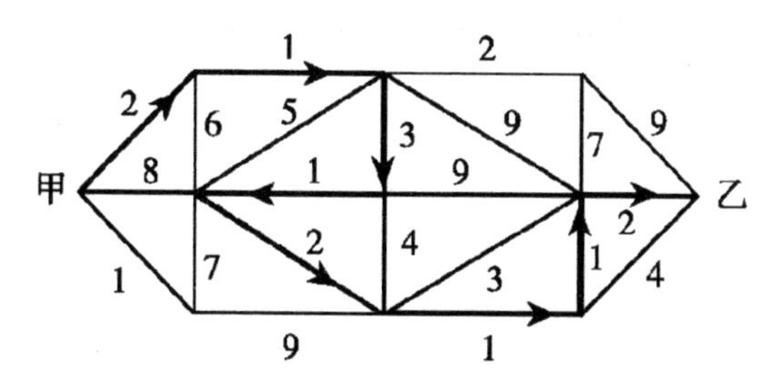


即箭头所示：2 + 1 + 3 + 1 + 2 + 1 + 1 + 2 = 13

## 哈密顿周游世界

生活在爱尔兰的数学家哈密顿很喜欢思考问题，一天，他拿到了一个正十二面体的模型。这个模型有12个面，20个顶点，30条棱，每个面都是相同的正五边形。

哈密顿非常喜欢这个模型，他爱不释手，反复把玩。忽然灵光一闪，何不用它来做一个数学游戏呢？说做就做，他开始琢磨起来。假定这20个顶点是地球上的20个大城市，把30条棱当作连接这些大城市的道路，一个人从某个大城市出发，每个大城市都走过，而且只走一次，最后返回原来出发的城市。这种走法能实现吗？

这个问题怎么解决呢？拿着十二面体一个点一个点地去试吗？这似乎不是解决问题的好方法。但如果把十二面体看作是一个橡皮膜，那么我们就可以把这个正十二面体压成一个平面图形。如果哈密顿所设想的走法能够实现，那么这20个顶点一定是一个封闭的20角形的周界。

把这个正十二面体压扁了，我们可以在上面看到11个五边形，底下还有一个拉大了的五边形，总共还是12个正五边形，而从这12个压扁的正五边形中，挑选出6个相互连接的五边形。再把这6个相互连接的五边形摊平，就成为一个20个顶点的封闭的20角形。

那这20个顶点，确实是正十二面体的20个顶点。这样一来，沿边界一次都可以走过来了，哈密顿的数学游戏在现实生活中是可以实现的，按照他的方法，我们是可以周游世界的。

# 第七章

# 有趣的无穷多——级数

## 7.1　世界上最大的数是什么

你知道，世界上最大的数是什么吗？

为了得出这个答案，许多数学家真是煞费苦心、上下求索。阿基米德曾想：“把太空和大地都用沙粒装满，将需要多少粒沙子呢？”从这个问题出发，他得出了10的51次方，即$10^{51}$这样一个庞大的数字，但这也不是世界上最大的数。

在东方，人们也在为寻找最大的数而不懈努力。如果找到一个大数的话，人们就会为其命名。有人把“极”看作是最大的数，“极”是相当于$10^{48}$的巨大数字，但是“极”也不是世界上最大的数。在印度，人们找到了比“极”更大的数，它是$10^{52}$，被称为“恒河沙”。“恒河”是“干机斯河”的汉语读法，“沙”在汉语中就是“沙子”的意思。

但这也还不是世界上最大的数。事实上数根本没有尽头，虽然无法把数全部数完，但我们却可以不断延伸对数的认识。

例如，我们可以运用指数来表示一些像$2^{64}-1$这样的大数。这个数字可以通过这样的方式来获得：

在国际象棋盘的第一格上放1粒麦粒，第二格上放2粒，第三格上放4粒，第四格上放8粒……照这样放下去，把64格棋盘都放满，则第64格上放$2^{63}$粒。

设麦粒的总数为S，则有：

$$S=1+2+4+8+\cdots+2^{63} \tag{1}$$

把这个式子的两边都乘以2，可得：

$$2S=2+4+8+\cdots+2^{63}+2^{64} \tag{2}$$

用式（2）-式（1），可得

$$S=2^{64}-1=18446744073709551615\text{（粒）}$$

$2^{64}-1$ 这个常人难以想象的大数到底有多大呢？据估计，全世界生产 2000 年收获的麦粒数才约等于 $2^{64}-1$，真是不算不知道，一算吓一跳。

这就是奇趣的大数令人惊奇的地方，可这也并不是世界上最大的数。要想知道答案，还需要我们去做进一步的探索和研究。

## 7.2 古老的级数问题

［**题**］关于级数的最古老问题并不是两千年前象棋发明者的奖励问题，而是更古老的记录在埃及著名的林德氏草纸文献中的关于分面包的题目。林德于 18 世纪末发现这一草纸本，它大约是公元前两千年编写成的，里面列举了许多算术的、代数的和几何的题目。分面包的问题就是这众多题目中的一个。这道题是这样的：

五个人分一百份面包，后面一个人总比前面一个人得的多，而且多的份数相同。同时，已知前两人所得的面包总数是后三个人所得面包总数的七分之一。问每个人所分得的面包分别是多少份？

［**解**］很容易就能看出，五个人所得的面包是一个递增的算数级数。我们设第一个人分得的面包为 $x$ 份，第二个人比第一个人多分得 $y$ 份，那么，每个人分得的面包份数如下：

第一个人……………………… $x$

第二个人……………………… $x+y$

第三个人……………………$x+2y$

第四个人……………………$x+3y$

第五个人……………………$x+4y$

根据题意，列出如下方程组：

$$\begin{cases} x+(x+y)+(x+2y)+(x+3y)+(x+4y)=100 \\ 7\times[x+(x+y)]=(x+2y)+(x+3y)+(x+4y) \end{cases}$$

化简后得：

$$\begin{cases} x+2y=20 \\ 11x=2y \end{cases}$$

解方程组，可得：

$$x=1\frac{2}{3},\quad y=9\frac{1}{6}$$

也就是说，每个人分得的面包份数如下：

$$1\frac{2}{3},\ 10\frac{5}{6},\ 20,\ 29\frac{1}{6},\ 38\frac{1}{3}$$

## ◢ 7.3　用方格纸推导出公式

级数问题已经出现几千年了，但是三百年前，关于级数的计算公式还没有被给出。那个时候，马格尼茨基出版了一本书，在这本书中已经涉及了级数，但是由于没有计算公式，级数的计算对于他来说还非常困难。

后来，聪明的人们想到了一种简单的方法，可以很快计算出算术级数的和。不过这种方法要借助一种工具，那就是方格纸（图23）。

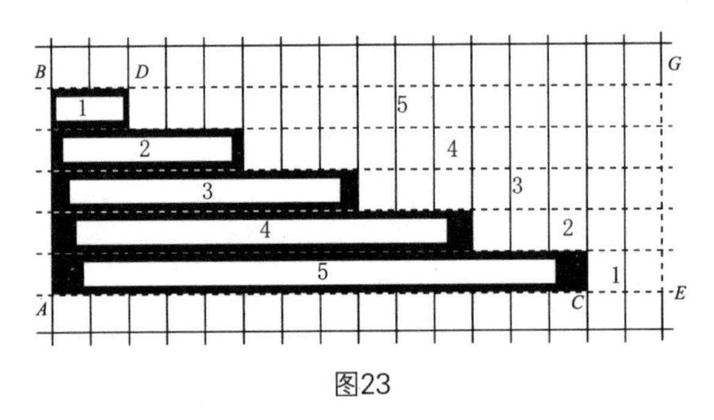


图23

在方格纸上，我们可以用一个台阶式的图形来表示出任何一个算术级数。如图24所示，*ABDC*表示的就是级数2，5，8，11，14。要求这个级数的和非常容易，我们只需把这个级数的台阶式图形扩成一个如图的矩形 *ABGE*，不难看出，*ABDC* 和 *DGEC* 的面积相等，均为 *ABGE* 面积的一半，*ABDC* 的面积即为所求级数的和。我们很容易就能求出*ABGE*的面积

$$S_{ABGE}=(AC+CE)\times \mathrm{AB}=80$$

据此，可以求出ABDC的面积

$$s=\frac{1}{2}S=\frac{1}{2}(AC+CE)\times AB=40$$

即所求级数的和为40。

由于$AC+CE$所表示的是级数的第一项和第五项的和，而$AB$表示的是级数总的项数。根据上面的计算过程，我们不难推断，

$$S=\frac{1}{2}(\text{首尾两项的和})\times(\text{项数})$$

也就是

$$S=\frac{(\text{首项}+\text{末项})\times(\text{项数})}{2}$$

## 7.4　巧妙的分配

［题］一个人，把一群牛分给他的儿子们。给第一个儿子的是1头牛又牛群余数的$\frac{1}{7}$，给第二个儿子的是2头牛又牛群余数的$\frac{1}{7}$，给第三个儿子的是3头牛又牛群余数的$\frac{1}{7}$，给第四个儿子的是4头牛又牛群余数的$\frac{1}{7}$，如此类推。他就这样，把整个牛群一头不剩地分配给了他的儿子们。试问，他有几个儿子？有多少头牛？

［解］设他一共有$n$个儿子，每个儿子分得$x$头牛，则牛的总数为$nx$。

分给最后一个儿子的牛是$x$头，根据题意，最后一个儿子分到的牛数应该是$n+\frac{1}{7}(x-n)$头，剩下$\frac{6}{7}(x-n)$头，但事实上牛分到他这里的时候正好全部分完了，所以有$x-n=0$。因此，他一共分得$n$头牛，所以$x=n$，牛的总数为$n^2$。

由此可以得出，第一个儿子分到的牛数满足这个关系式

$$1+\frac{1}{7}(n^2-1)=n$$

变换后可得$n^2-7n+6=0$，$(n-1)(n-6)=0$。

根据题意，我们知道$n>1$，所以这个人一共有6个儿子，每个儿子分得6头牛。

其实，这道题还可以用算术的方法来解决。这就需要从末尾开始。

最小儿子得到的牛数，应等于儿子的人数；牛群余数的$\frac{1}{7}$对他来说是没有份的，因为在他之后，已经没有剩余的牛了。

接着，老人的第一个儿子得到的牛数，要比儿子人数少1，并加上牛群余数的$\frac{1}{7}$。这就是说，最小儿子得到的是这个余数的$\frac{6}{7}$。

从而可知，最小儿子所得牛数应能被6除尽。

假设最小儿子得到了6头牛，那就是说，他是第六个儿子，那人一共有六个儿子。第五个儿子应得 5 头牛加 7 头牛的$\frac{1}{7}$，即应得6头牛。现在，第五、第六两个儿子共得$6+6=12$头牛，那么第四个儿子分得 4 头牛后牛群的余数是 $12/\frac{6}{7}=14$ 头牛，第四个儿子得$4+\frac{14}{7}=6$头牛。

现在计算第三个儿子分得牛后牛群的余数：$6+6+6=18$，是这个余数的$\frac{6}{7}$，因此，全余数应是$18/\frac{6}{7}=21$。第三个儿子应得$3+\frac{21}{7}=6$头牛。

用同样方法可知，长子、次子各得牛6头。

我们的假设得到了证实，答案是共有六个儿子，每人分得6头牛，牛群共由36头牛组成。

有没有别的答案呢？假设儿子的人数不是 6，而是 6 的倍数 12。但是，这个假设行不通。6 的下一个倍数 18 也行不通。再往下就不必费脑筋了。

## 7.5　浇菜园所走的路程

［**题**］一块菜园有30个菜畦，每畦长为16米，宽为2.5米，园丁需要从离菜园边界 14 米远的一口水井中提水浇园。在浇水的过程中，园丁只能沿着地界走，所以每次提水，他都要绕

着菜畦的边界走一圈，而且每次提的水都只够浇一个菜畦。

假如路程的起点和终点都以水井为准，那么，园丁浇完整块菜园一共需要走多远的路？

［**解**］由题意知，园丁在浇第一个菜畦的时候，所走的路程是：

$$14+16+2.5+16+2.5+14=65\text{米}$$

在浇第二个菜畦时，所走的路程是：

$$14+2.5+16+2.5+16+2.5+2.5+14=65+5=70\text{ 米}$$

通过观察题目不难看出，浇后面每一个菜畦时所走的路程都比浇前一个菜畦时多5米。据此，我们可以得出这样一列级数：

$$65，70，75，\cdots,65+5\times29$$

根据公式，我们可以求出它各项的总和

$$\frac{(65+65+29\times5)\times30}{2}=4\sim125\text{ 米}$$

所以，园丁要走4 ~ 125米才能浇完整块菜园。

## ◢ 7.6　饲料可以喂鸡多长时间

［**题**］一个养鸡场为了养31只鸡，按照每只鸡每周一斗的食量贮存了一批饲料。本来假定鸡的数量保持不变。但实际上每周鸡的数量都会减少一只，结果储备的饲料维持了原定期限两倍的时间。

试问，储备的饲料共有多少？原本预计维持的时间是多长？

［**解**］设储备了的饲料的数量为$x$斗，预计维持的时间为$y$周，根据题意

$$x = 31y$$

由于每周鸡的数量都会减少一只，所以每周消耗饲料的数量都会减少 1 斗。也就是第一周消耗了 31 斗，第二周消耗掉了30斗，第三周消耗了29斗……直到最后一周，这一周为

$$(31 - 2y + 1)$$ 斗[1]

据此，我们可以列出如下等式：

$$x = 31y = 31 + 30 + 29 + \cdots + (31 - 2y + 1)$$

利用级数的求和公式，可得：

$$31y = \frac{(31 + 31 - 2y + 1) \times 2y}{2} = (63 - 2y)y$$

化简之后，得：

$$31 = 63 - 2y$$

因此

$$x = 496, \quad y = 16$$

所以储备的饲料的数量为 496 斗，原本预计维持的时间是16周。

---

[1] 需要明确的是：各周消耗的饲料的数量为：

第一周：31 斗

第二周：31 − 1 斗

第三周：31 − 2 斗

……

第 $2y$ 周：$31 - (2y - 1) = (31 - 2y + 1)$ 斗。

## 7.7　最后一个人劳动了多长时间

[**题**] 学校将高年级同学组成了一个挖土队，让他们负责在学校里挖一条沟。如果所有队员全部出勤，那么只需要24个小时，这条沟就可以完成。但是事实上一开始只来了一个人。后来每过一段固定的时间，就会有一个人加入进来，直到最后全组人到齐。经计算得知，第一个人劳动的时间是最后来的那个人的11倍。那么最后来的那个人劳动了多长的时间？

[**解**] 我们用$x$来表示最后来的那个人劳动的时间，那么第一个人劳动的时间就是$11x$。设挖土队全队的总人数是$y$，那么全队人员劳动的总时间就是一个首项为$11x$，末项为$x$的$y$项递减级数的和，也就是

$$\frac{(11x+x)y}{2}=6xy$$

另外，我们知道，如果所有队员全部出勤，那么只用24小时就能挖成沟。也就是，完成只需24小时。因此，

$$6xy=24y$$

$y$是大于0的整数，所以我们可以把它从方程中约去。然后得到：

$$6x=24$$

所以

$$x=4$$

可知，最后到的那个人只劳动了4小时。

这样，我们就解答出了题目中要求的问题。但是，如果题目要求我们求出挖土队的人数，我们是求不出来的。尽管方

程中含有表示挖土队人数的未知数，但是由于所给的条件不充分，我们无法解出这个未知数的值。

## 7.8 年龄的妙答

苏珊娜长得很漂亮，但很少有人知道她确切的年龄。因为每当有人问起她时，她的回答总是非常特别，让人无法很快算出她的年龄。

她的回答是这样的：

（1）我的年龄的3次方是一个四位数，但4次方是一个六位数。

（2）这四位数和六位数由0～9这10个数字组成，且不重复。例如，如果四位数是“1234”，那么六位数的数字只能由5，6，7，8，9，0组成。

那么，你能很快算出苏珊娜的年龄吗？

其实，这并不是特别难的一件事情。根据她的回答，岁数的3次方是一个四位数，那么从最小四位数1000到最大四位数9999之间，只有$10^3=1000$，$11^3=1331$，…，$21^3=9261$是四位数。

而岁数的4次方是一个六位数，在这12个数中只有$18^4=104976$，$19^4=130321$，$20^4=160000$，$21^4=194481$这4个数的4次方是六位数。

由于这两个四位数和六位数都由0～9这10个数字，且不重复。130321，160000，194481，都有重复的数字，不合题意，所以只剩下$18^4=104976$。再验证$18^3=5832$，刚好符合题意。

所以，苏珊娜的年龄是18岁。

下面，我们再来看一道与年龄妙答有关的数学题。

初春的公园里，有许多早起晨练的人。大家锻炼后聚在一起聊天，免不了要询问彼此的年龄。这时，一对中年夫妻说："我们先卖个关子，让大家猜猜我们的真实年龄吧。只告诉大家我们两个的年龄平方差是195。"另外一对青年夫妻也加入进来了，他们笑着说："我们的年龄平方差也正好是195。"连续两对夫妻的年龄都这么巧，没想到更巧合的事情还有，这时一对老年夫妻也说道："今天真是稀奇了，我们俩的年龄平方差也是195。"

根据这几个条件，你能猜出这三对夫妻的年龄分别是多少吗？

要想得出答案，我们需要借助方程来解答。设 $x$、$y$ 为两人的年龄，则有：$x^2-y^2=195$。

即：$(x+y)(x-y)=195$，在这里人的年龄都为正整数，所以这个式子可以因式分解为 $(x+y)(x-y)=3\times5\times13$，所以这个方程可以有这四种分解方式，即 $1\times195$，$3\times65$，$5\times39$，$13\times15$。

当 $(x+y)(x-y)=1\times195$ 时，根据这类方程组的特性，可以得出：$x+y=195$，$x-y=1$；解得：$x=98$，$y=97$。

所以，这对老年夫妻的年龄为98岁和97岁。

根据同样的方式，可以依次算出中年夫妻的年龄为34和31岁；青年夫妻的年龄是22和17岁。

还有一组解是14岁和1岁。但只要你用常识来思考一下就知道这不是符合题意的答案。因为1岁的婴儿还不会走路呢，又怎么能上公园晨练呢？所以应该删去这一组解。

## 7.9 水果店原有多少苹果

［**题**］一个水果店的老板卖给第一位顾客的苹果是他所有苹果的一半加半个；卖给他的第二位顾客的苹果是剩下的苹果的一半又加半个；卖给他的第三位顾客的还是剩下的苹果的一半加半个……就这样一直卖下去，直到第七位顾客，买走了他所剩苹果的一半加半个之后，所有的苹果刚好都卖完。问：这家水果店原来共有多少苹果?

［**解**］设这家水果店最初所有的苹果的数量为$x$。由此，我们可以推断出每位顾客所买的苹果的个数：

第一位顾客：

$$\frac{x}{2}+\frac{1}{2}=\frac{x+1}{2}$$

第二位顾客：

$$\frac{1}{2}(x-\frac{x+1}{2})+\frac{1}{2}=\frac{x+1}{2^2}$$

第三位顾客：

$$\frac{1}{2}(x-\frac{x+1}{2}-\frac{x+1}{4})+\frac{1}{2}=\frac{x+1}{2^3}$$

……

第七位顾客：

$$\frac{x+1}{2^7}$$

据此，我们可以列出如下方程：

$$\frac{x+1}{2}+\frac{x+1}{2^2}+\frac{x+1}{2^3}+\cdots+\frac{x+1}{2^6}+\frac{x+1}{2^7}=x$$

变形后得：

$$(x+1)\left(\frac{1}{2}+\frac{1}{2^2}+\frac{1}{2^3}+\frac{1}{2^4}+\cdots+\frac{1}{2^7}\right)=x$$

计算后得出：

$$\frac{x}{x+1}=1-\frac{1}{2^7}$$

所以

$$x=2^7-1=127$$

也就是说，水果店最初一共有127个苹果。

## 7.10　买主要花多少钱买马

**[题]** 在马格尼茨基的《算术》有这样一道非常值得玩味的题，大意如下：

有个人以156卢布的价格卖了一匹马。但是买主买完以后，又觉得买得不划算，要把马退还给卖主（图24）。

于是卖主提出了新的条件："如果你觉得这马太贵，那就只买马蹄铁上的钉子吧，你如果肯买这些钉子，我就把马白送给你。每个马蹄上有6个钉子。第一个钉子的价格是$\frac{1}{4}$戈比，第二个钉子的价格$\frac{1}{2}$戈比，第三个是1戈比，就这样一直计算下去。"

买主觉得这样的条件太好了，买这些钉子加起来也用不了10卢布，这简直就是白白得到了一匹马。没有经过太多的思索，买主便接受了卖主的条件。

问：买主要花多少钱才能买下这些钉子？

图24

［**解**］由题意可知，买下所有马蹄铁上的钉子所需要的钱的总数为

$$\frac{1}{2}+\frac{1}{4}+1+2+2^2+2^3+\cdots+2^{24-3}\text{戈比}$$

也就是

$$\frac{2^{21}\times 2-\frac{1}{4}}{2-1}=2^{22}-\frac{1}{4}=4194303\frac{3}{4}\text{戈比}$$

这个数字接近42000。也就是说，买下这些钉子一共需要的钱接近42000卢布。在这种情况下，卖主当然愿意白白把马送给他了。

## 7.11　为战士发放抚恤金

1795年，俄国出版了一本有着长长的标题——《一本写给年轻人进行数学练习的纯数学教程，由研究炮兵学的教师施特科·容克尔和数学老师叶菲姆·沃依加霍夫斯基编写》的数学教材，这本教材中有这样一道题：

[**题**] 在古代某国有这样一个规定：战士第一次受伤给1戈比的抚恤金，第二次受伤给2戈比的抚恤金，第三次受伤给4戈比的抚恤金，依此类推。如果有一个战士得到的抚恤金为655卢布35戈比，那么他一共受了多少次伤？

[**解**] 根据题意可以列出方程：

$$65535 = 1 + 2 + 2^2 + 2^3 + \cdots + 2^{x-1}$$

也就是：

$$65535 = \frac{2^{x-1}\times 2 - 1}{2-1} = 2^x - 1$$

即

$$65536 = 2^x$$

所以

$$x = 16$$

也就是说，这个战士一共受了16次伤，才得到了这笔抚恤金。我们很容易就能检验出这个结果是正确的。

## 7.12 这堆酒坛有几只

酒店的门口常常堆着一处处的酒坛堆，既美观又吸引眼球，因而也成了该店一道独特而亮丽的风景线。

有人曾研究过酒坛堆的形状，并由此计算出这堆酒坛一共有几只。

假设这堆酒坛一共有十层，它的最上层有 1 只酒坛，第二层有4只，第三层有9只……那么，这堆酒坛一共有几只？

如果只是运用一一相加的方法，不但烦琐，而且还很容易让你一头雾水。

其实，观察一下 1、4、9、16……这些数的特性，可以发现，要想知道这堆酒坛到底有多少只，只需求出：

$$1+4+9+\cdots+100=1^2+2^2+3^2+\cdots+10^2=?$$

因为 $11^3=(10+1)^3=10^3+3\times10^2+3\times10+1$

因此 $11^3-10^3=3\times10^2+3\times10+1$

由此可得， $10^3-9^3=3\times9^2+3\times9+1$

$$9^3-8^3=3\times8^2+3\times8+1$$

……

$$2^3-1^3=3\times1^2+3\times1+1$$

我们将上述式子的两边分别相加，可以得出

$$11^3-1^3=3\times(1^2+2^2+3^2+\cdots+10^2)+3\times(1+2+3+\cdots+10)+10$$

又因为 $1+2+3+\cdots+10=\frac{1}{2}\times10\times(10+1)=55$

所以 $1^2+2^2+3^2+\cdots+10^2=(11^3-1^3-3\times55-10)=385$

即这堆酒坛的总数为385只。

以上的运算过程还可以加以推广，得出式子：

$$1^2+2^2+3^2+\cdots+n^2=\frac{1}{6}n(n+1)(2n+1)$$

可见，我们生活中的酒坛堆既整齐美观，又满足一定的数学特质。最常见的一种是：它的每一层酒坛都可摆成一个长方形，并且上一层的长、宽都比下一层的各少一个，以此类推，可以形成一个等差数列。

现在，我们假设这个长方形酒坛的长为 $c$ 只，宽为 $d$ 只，它的最上面一层的长为 $a$ 只，宽为 $b$ 只，酒坛共有 $n$ 层，那么这堆酒坛的酒坛数是多少呢？

借鉴刚才的演算过程，我们可以得出酒坛的总数为：

$$\frac{1}{6}n\left[(2b+d)a+(b+2d)c+(c-a)\right]$$

其实，酒坛与数学的关系远非如此，更多有趣的问题还有待你来和我们进一步挖掘和探索。

## 【奇妙数学大战】白送上门的便宜

有一天，杂货店店长心情特别好，就对他的速记员说："现在，我已经决定把你的薪金每年提高 100 卢布。从今天开始的一年中，将以一年 600 卢布的标准每周付给你薪金；下一年的标准是 700 卢布，再下一年是 800 卢布，如此下去，总是每年增加 100 卢布。"

"因为我的心理承受力很脆弱，"这位感激的年轻雇员回答说，"我提议让变化不要过于突然，这样保险些。薪金从今天开始是一年 600 卢布的标准，正如已经提出的那样。但是，在 6 个月之后把年薪提高 25 卢布，并且只要我的服务能令人满意，以每 6 个月给我增加 25 卢布年薪的方式继续下去。"

店长对他微微一笑，表示接受这一修正。结果，店长因为接受雇员的建议而占了一个小便宜。

你能说出其中的道理吗？

【答案·点拨】

在这个速记员薪金的问题中，他第一年比店长的方案多得了12.50卢布，但在这之后，就受损失了。也许有些人会错误地在每6个月末把每次的提薪额全加上去，殊不知，薪金的每次增加是以年薪提高25卢布为基准的，也就是说每6个月只能增加12.50卢布。按照店长的方案，每年提高100卢布，在5年中给这位雇员的当然是600卢布加700卢布加800卢布加900卢布加1000卢布，共计4000卢布。

而按照速记员的建议，可以如下计算：

第一个6个月……………… 300.00卢布
第二个6个月……………… 312.50625卢布
第三个6个月……………… 325.00650卢布
第四个6个月……………… 337.50675卢布
第五个6个月……………… 350.00700卢布
第六个6个月……………… 362.50725卢布
第七个6个月……………… 375.00750卢布
第八个6个月……………… 387.50775卢布
第九个6个月……………… 400.00800卢布
第十个6个月……………… 412.50825卢布

总共：3562.50卢布。与店长的提案所能带来的4000卢布的总收入相比，雇员当然是吃了亏。店长则因为接受雇员的建议反而占了便宜。

# 第八章

## 生活中数学的影子
## ——第七种运算“对数”

## 8.1　求对数：第七种运算

前面我们曾经提到过，乘方有两种逆运算。现在，我们假设

$$a^b = c$$

那么，求 $a$ 的值是一种乘方的逆运算——开方；而求 $b$ 的值则是乘方的另一种逆运算——取对数。

发明对数的目的是为了使计算变得简单而迅速。

著名数学家拉普拉斯曾说：“对数的发明，使原来需要几个月才能做完的计算工作，几天就能完成了。我们可以说对数把天文学家的寿命拉长了一倍。”他之所以提到天文学家，是因为天文学家经常要面对很多特别复杂的计算。但是他的这种说法其实是可以适用于所有必须和数字打交道的人的。

现在，我们对于对数已经非常习惯了，而且对于它在计算过程中给我们带来的便利也非常习以为常。所以，对于我们来说，想象它刚刚出现时所引起的巨大轰动是一件很难的事情。

关于对数的发明动机，对数表的发明者耐普尔曾经这样讲过：“我要尽我的力量让大家摆脱繁重的计算工作，很多人由于厌烦数学计算而对学习数学失去了兴趣，我要让计算变得简单、轻松，这是非常有必要的。”

后来因发明十进制对数而扬名的布利格跟耐普尔是同时代的人。他在见到耐普尔的著作时，曾经写下这样一段话：“耐普尔新颖而令人叹为观止的对数，坚定了我的决心，我要用脑和手进行工作。我希望今年夏天能够见到他，他的这本书是我至今读过的令我最惊奇也是最喜爱的一本书。”

最终，布利格实现了他的愿望，他去苏格兰拜访了耐普

尔。两人见面时，布利格说道：

“我长途跋涉来到这里，唯一目的就是想见到你，并且想知道，你提出对数这种妙不可言的方法是靠了什么样的聪明才智？它对于天文学来讲作用真是太大了，简直可以说是意义非凡。直到现在，我都想不明白，对数看上去如此简单，但是在你之前，为什么竟然没有人发现它？”

对数是一项如此伟大的发明。它使计算变得很容易，很快捷。对于像任意指数的开方这类计算来说，对数甚至是必不可少的。

如果你知道中学课程中关于对数的那些基本理论，那么，求下面表达式

$$a^{\lg ab}$$

的值，对你来说应该不会有什么困难。

很容易理解，如果底数 $a$ 的乘方的次数是 $b$ 的对数，那么得到的表达式的值必然还是数 $b$ 本身。

## 8.2 对数遭遇的对手

在对数发明以前，人们为了加快计算的速度而发明了一种表。靠着这种表，乘法运算被减法而不是加法所代替。这种表格是根据恒等式

$$ab=\frac{(a+b)^2}{4}-\frac{(a-b)^2}{4}$$

制作成的。我们只要把这个等式中的括号去掉，就能证明出它的正确性。

有了这种由各个数字的平方$\frac{1}{4}$所组成的表，我们要求两个数的乘积就可以不用去做乘法，而只需用这两个数和的平方的$\frac{1}{4}$减去它们差的平方的$\frac{1}{4}$。这种表使求平方和求平方根变得简单了许多。

而且比起对数表，它有一个非常重要的优点，那就是根据这种表所得的结果是准确值而不是近似值。如果把这种表和倒数表结合起来使用的话，除法运算也会变得简单许多。

虽然这种表有很多优点，但是我们不能因此就说它比对数表强。因为在实用方面，对数表发挥的作用比它要强得多。例如，计算复杂的利息时我们就必须使用对数表，因为用$\frac{1}{4}$平方表计算不了这么复杂的问题。$\frac{1}{4}$平方表只是在计算两数的乘积时比较方便，而对数表却能让我们一次就求出任意多个数的乘积。同时，利用对数表，我们还能很容易地求出一个数的任意次方或者任意指数的方根。

尽管$\frac{1}{4}$平方表不像对数表那样功能强大，但是即便是对数表出现之后，还是有许多各式各样的$\frac{1}{4}$平方表被出版。1856年，在法国出现了这样一张表格，它的标题是：

“一张从 1 到 10 亿的数字平方表，利用它你可以用非常简单的方法，以极快的速度算出两个数乘积的准确值。编制者——亚历山大·科萨尔。”

直到现在为止，还有许多人非常努力地试图编写一张$\frac{1}{4}$平方表。他们并不知道这种表早在三百年前就有了，听说这个之后甚至觉得非常吃惊。

除了$\frac{1}{4}$平方表之外，对数还有许多更为年轻的对手。它们就是各种技术参考书中的计算用表。这些表通常是一些综合性的表，它们通常包括以下几个部分：从2到1000的各数的平方、立方、平方根、立方根、倒数、圆周长、圆面积。这些表使很多计算变得简单，但是它们的应用范围却远没有对数表那样广泛。

## 8.3 “进化”中的对数表

以前，中学里使用的对数表都是5位的，但是现在中学已经改用4位对数表了。因为对于技术方面的计算，4位对数表已经足够了。其实在现实中，日常的量度难得有三位以上的有效数字。所以，大多数情况下三位尾数就足以满足计算的要求了。

以前，很多人一直以为尾数越长越好。不久前，人们才意识到，其实不需要那么长的尾数。记得以前学校里使用的是7位对数表。这种对数表有很多卷，拿起来非常重。后来，在经历了一些激烈的斗争之后，人们用5位对数表代替了这种7位对数表。

通用对数表从多位尾数演进到更短的尾数经历了很长时间。最初，伦敦数学家亨利·布利格（1624年）编写的对数表是14位的；几年后，荷兰数学家安·符拉克用他的10位对数表取代了原来的14位对数表；再到后来，又出现了七位对数表……直到现在，我们用的是4位对数表。

通用对数表的演化其实至今也没有完成。因为直到现在，很多人还没有意识到计算的精确程度永远无法超越度量的精确度这个简单的道理。

在对数表逐步演进的过程中，最初人们认为尾数越变越短是不符合常理的。但是后来，人们意识到了尾数缩短所起到的重要作用：

首先，尾数缩短以后，对数表的篇幅变小了，携带起来更方便了。7位对数表大开本也有约200页，发展到5位对数表时，篇幅就减小到对开本30页了；后来发展到4位对数表时，篇幅减小到5位对数表的十分之一，大开本只需要两页就够了。

其次，缩短以后，相关的计算都变得更加快捷了，完成同一种计算，用五位对数表所需的时间只有七位对数表的三分之一。

所以，对数表的尾数缩短以后，使用起来比以前方便了许多。

## 8.4　对数中的“巨人”

3位和4位对数已经完全能够满足实际生活和技术上的需要。但是，这并不代表位数多的对数表没有意义。对于理论研究的人来说，3位或者4位的对数表是远远不够的。他们经常面对的对数表的位数甚至比布利格的14位还多得多。

由于大多数对数是无理数，这也就意味着，无论用多少位数字我们都不可能把它准确地表示出来。对于大多数对数来说，虽然无论取多少位都只能是个近似值，但是随着尾数位数的增多，对数会越来越接近准确值。从这个角度来说，在很多情况下，14位的对数表的精密度对于科学研究工作来说是远远不够的[1]。

从对数发明至今，已经有500种对数表先后问世。在这么

[1] 布利格的14位对数表只有1—20000和9000—101000各数的对数。

多的对数表中，科研工作者总能找到符合他要求的。例如，法国的卡莱（1795年）编写了从2到1200之间的各数的20位对数。而除此之外，对于范围较窄的一组数，它的对数表的位数会更多，这是对数中的一种奇观。

下面我们就来列举一些对数中的“巨人”，它们都不是常用对数，而是自然对数[1]：沃尔佛兰姆的10000以下各数的48位对数表、沙尔普的61位对数表、帕尔克赫斯特的102位对数表。除了这些，还有一个称得上壮观的对数表，那就是亚当斯的260位对数。

亚当斯的260位对数其实并不是表，而只是2，3，5，7，10这五个数的自然对数和可以把它们换算成常用对数的一个260位的换算因数。但神奇的是，有了这五个数的对数以后，我们就可以利用一点简单的加法或乘法计算出许许多多合数的对数来。例如，对于15的对数我们就可以这样来计算，它等于3和5的对数和。依此类推，我们还能求出其他许多合数的对数。

我们有理由在对数奇观里加进计算尺这种灵巧的计算工具。它在我们的日常生活中太过常见，我们对它过于熟悉，所以忽略了这种以对数为原理的工具的奇妙之处。很多使用计算尺的人甚至不知道什么是对数，这也是我们无法看出它的巧妙之处的原因之一。

---

[1] 不是用10做底，而是2.718…做底所计算出的对数叫作自然对数。关于底的问题，我们在后面还会谈到。

## 8.5　神速的速算家

速算专家经常在大庭广众之下表演关于数字的惊人游戏，他们最擅长的莫过于我们下面要说的这种。你在看他们表演之前，从宣传海报看到，这个速算专家能够用心算出多位数的高次方根。为了考一考这位速算专家，你费了很大力气提前算出了一个数的 31 次方。观看表演时，你找准时机向速算专家提问道：

“请你把下面这个35位数的31次方根求出来！我念，你写!”

你还没来得及开口念出第一个数字，速算专家已经拿起粉笔，写出了结果：13。

甚至还没有听你说完这是个什么数，他竟然已经给出了答案，用快如闪电的速度心算出 31 次方根，太不可思议了。你对速算专家的表现感到震惊，同时也觉得输得心服口服。

其实这里面是有一些玄机的。这个秘密其实非常简单：31 次乘方且有 35 位的数只有 13 一个。小于 13 的数的 31 次乘方不足 35 位；大于 13 的数的乘方又超过了 35 位。

这时，你一定很疑惑，速算专家是怎么知道这些的呢？他又是凭借什么求出 13 这个结果的呢？答案是对数。在他心中牢牢地记着前面 15 到 30 个数的 2 位对数。因为合数的对数等于它的素因数的对数的和这条法则的存在，所以要记住 15 到 30 个数的 2 位对数，并不像我们想象中那么难。

对于他们来说，只需要记住 2，3 和 7 的对数就能推断出前 10 个数的对数了（$\lg 5=\lg\frac{10}{2}=1-\lg 2$）。而要知道后 10 个数的对数，只需要再记住四个数（即 11，13，17，19）的对数就可以了。

不管他用的方法是什么，这位速算专家首先做的就是在心里摆出下面的两位对数表：

| 真数 | 对数 | 真数 | 对数 |
|---|---|---|---|
| 2 | 0.30 | 11 | 1.04 |
| 3 | 0.48 | 12 | 1.08 |
| 4 | 0.60 | 13 | 1.11 |
| 5 | 0.70 | 14 | 1.15 |
| 6 | 0.78 | 15 | 1.18 |
| 7 | 0.85 | 16 | 1.20 |
| 8 | 0.90 | 17 | 1.23 |
| 9 | 0.95 | 18 | 1.26 |
| — | — | 19 | 1.28 |

他前面所表演的让你非常震惊的数字游戏的关键之处就在于利用了下面的式子：

$$\lg\sqrt[31]{(35\text{位数字})}=\frac{34.\cdots}{31}$$

因此，所求的对数的上、下限分别是$\frac{34}{31}$和$\frac{34.99}{31}$，也就是说，所求的对数在 1.09 和 1.13 之间，1.11 是这个范围内唯一一个整数的对数，它是 13 的对数。让你觉得非常吃惊的结果就这样被求了出来。

当然，如果思维不够敏捷，或者技巧不够熟练，也不能以非常快的速度在心里算出这些。但是，从根本上来说，这件事非常简单。如果你不擅长心算，那么你可以在纸上试着玩一玩这个游戏。

例如，有人向你提出这样一个问题：求出一个20位数的64次方根。

没有必要问这个数是什么，你可以直接宣布开方的结果是2。

其实没有什么玄妙的地方。因为 $\lg\sqrt[64]{(20\text{位数字})}=\frac{19\cdots}{64}$，它的上限和下限分别为 $\frac{19}{64}$ 和 $\frac{19.99}{64}$，也就是0.29和0.32。在这个范围内，整数的对数只有一个，那就是2的对数0.30。

此时，你的同伴一定非常吃惊。这时，你还可以告诉他本来想要告诉你的那个数就是著名的“国际象棋”数字

$$2^{64}=18446744073709551616$$

这一定会让他更加吃惊。

## 8.6　公牛所需的热量是多少

［**题**］饲料的“维持量”[1]就是维持机体正常运转的所需的饲料的最低分量，它主要供应机体的热量消耗、内部器官活动、细胞新陈代谢等。饲料的“维持量”与动物身体的表面积是成正比的。

明白了这一点以后，假设在同样的条件下，已知630千克重的公牛需要的热量是13500卡路里，那么我们就可以据此推断出420千克重的公牛的所需的最小热量。

［**解**］在这个问题中，我们除了用到代数以外，还要用到几何。设所求的最小热量为 $x$，420千克重的公牛身体的表面

[1] 它与饲料的生产消耗量不同，后者指的是牲畜成为产品所需要的那部分饲料。

积为 $S$，630 千克重的公牛身体的表面积是 $S_1$。由于消耗的热量与身体的表面积成正比，所以

$$\frac{x}{13500}=\frac{S}{S_1}$$

根据几何知识知道，相似物体的表面积是和相应长度 $l$ 的平方成正比而它们的体积是和相应长度的立方成正比的，同时又由于相似物体的质量和它们的体积成正比。所以我们可以列出下列等式：

$$\frac{S}{S_1}=\frac{l^2}{l_1^2},\quad \frac{420}{630}=\frac{l^3}{l_1^3},\quad 即\ \frac{l}{l_1}=\frac{\sqrt[3]{420}}{\sqrt[3]{630}}$$

所以

$$\frac{x}{13500}=\frac{\sqrt[3]{420^2}}{\sqrt[3]{630^2}}=\sqrt[3]{\left(\frac{420}{630}\right)^2}=\sqrt[3]{\left(\frac{2}{3}\right)^2}$$

解得

$$x=13500\sqrt[3]{\frac{4}{9}}$$

利用对数表，可以求出 $x$ 的值：

$$x\approx 10300$$

也就是说，这头公牛的维持饲料产生的热量是10300卡路里。

## 8.7 音乐中的对数问题

音乐家大都对数学敬而远之，他们之中很少有对数学感兴

趣的。但是，像普希金笔下描述的“用代数检验过和声”的音乐家萨利埃里和数学接触的机会远远超出了音乐家们的想象。而且更为关键的是，他们接触的还不是很简单的数学内容，而是非常“古怪”的对数。

我有一位喜爱弹钢琴但是数学学得一塌糊涂的中学同学。他非常讨厌数学，甚至曾用轻蔑的语气说，音乐和数学之间没有任何相通的地方。还说，毕达哥拉斯虽然找到了音乐的频率的比，但是他的音阶对于我们的音乐来说并不很适用。

对于这样一个固执地不愿承认音乐和数学之间存在关系的人，你可以想象，当他听我说他每次弹钢琴的时候实际上是在弹对数，他有多么震惊和不悦。

但是这却是一个事实。在所谓的等音程半音音阶中，各“音程”既不是按照音的频率设置的，也不是按照音的波长等距离排列的，却是按照这些数量以2为底的对数进行设置的。

我们把最低的八音度称为零八音度，假如零八音度的do这个音调每秒钟振动的次数为$n$次，那么，第一个八音度的do一秒钟振动的次数也就是$2n$次，第二个八音度的do一秒钟振动的次数就是$4n$次。依此类推，第$m$个八音度的do一秒钟振动的次数就是$n \cdot 2^m$。用0来表示每个八音度的do，用P来表示钢琴的半音音阶中的任意一个音调。那么，同一个音阶中，sol就是第7个音，la就是第9个音。由于在等音程半音音阶中，一个音的频率是它前面那个音的频率的$\sqrt[12]{2}$倍，所以，我们可以用下面这个公式

$$N_{pm} = n \times 2^m (\sqrt[12]{2})^p$$

来表示任意一个音的频率。这个公式的含义是，第$m$个八音度里的第$p$个音的频率。

对上面的式子两边取对数，可得：

$$\lg N_{pm} = \lg n + (m + \frac{p}{12})\lg 2$$

假设最低音 do 的频率为 1，也就是令 $n$=1，而且把所有对数都看作以 2 作底的对数也就是令 log2 = 1 ，那么公式可以转化为：

$$\lg N_{pm} = m + \frac{p}{12}$$

从这个式子中我们可以看出，钢琴琴键的号码就是它所对应的音调的频率的对数 [1]。$m$ 是表示音调位于第几个八音度的数字，它是对数的首数；而 $p$ [2] 是表示音调在这个八音度中所占位置的数字，它是对数的尾数。

让我们以第三个八音度中的 sol 音为例来解释一下。代入公式可得，sol音的频率为$3+\frac{7}{12}$（≈3.583），在这个表达式中，数字 3 表示的是这个音调的频率用 2 做底的对数的首数，而数字$\frac{7}{12}$（≈0.583）表达的是这个音调的频率用 2 做底的对数的尾数。所以说，这个 sol 音的频率应该是最低八音度中 do 音频率的$2^{3.583}$倍，也就是11.98倍。

这是一位物理学家文章里的一段话。这段话很明确地告诉了我们音乐与数学之间密不可分的关系。以后，谁再说音乐跟数学没有丝毫相同的地方，你就可以把这些知识告诉他。

---

[1] 这个对数要用12乘过。

[2] 这个数要用12除过。

## 8.8　对数、噪声和恒星

这个标题看起来有些奇怪，因为它把看起来完全不相干的东西放在了一起。在这里我们并不是要模仿谁或者是玩一个文字的游戏，而是要告诉大家，恒星和噪声都与对数有着十分密切的关系。无论是噪声的音量还是恒星的亮度，都是用对数这一标尺进行量度的。

依据视觉辨别出来的亮度，天文学家把恒星分成了一等星、二等星、三等星等不同的星等。按照星的大小连续排列的恒星对于我们的肉眼来说，就像算术中的各项级数。但是它们的客观亮度，也就是物理亮度却不是按照算术级数来变化的。这些客观亮度构成了一个几何级数，这个几何级数的公比为$\frac{1}{2.5}$。即，恒星的“等级”其实就是它客观亮度的对数。

天文学家在确定恒星亮度的时候，依据的是一种底数为2.5的对数表。据此，我们可以推断出，一等星会比三等星亮$2.5^{(3-1)}$倍，也就是6.25倍。对于存在于天体之间的这些有趣关系，我曾在我的《趣味天文学》一书中做了比较详尽的讲解。

日常生活中，我们总是在面对各种各样的噪声：工厂中机器运转的声音；马路上汽车的鸣笛声；飞机飞过头顶时的隆隆声……响度太高的噪声会对人们的日常生活和工作产生非常不好的影响。这也是人们想尽办法要表示出声音响度的原因。

在声学中，“贝尔”是用来表示声音响度的单位，但是在平时的日常工作中，我们经常使用的却是“分贝”，1贝尔相当于10分贝。将不同音量的噪声按顺序依次排列起来：1贝尔，2贝尔，3贝尔……对我们的耳朵来说就像一个算术级数。

但是，这些噪声的“强度”所构成的却并不是一个真正的算术级数。它实际上构成的是一个公比为10的几何级数。也就是说，当两种噪声的响度差是1贝尔的时候，响度较大的那个噪声的强度实际上是另一个噪声强度的10倍。噪声的音量用贝尔来表示时，它的值其实刚好等于它强度的常用对数。

为了更容易地理解这其中的关系，下面我们就来举几个例子。

树叶的沙沙声是1贝尔，大声说话的声音是6.5贝尔，狮子的吼叫声是8.7贝尔。根据题意我们可以知道，大声说话时所发出的声音的强度是树叶沙沙声的

$$10^{(6.5-1)}=10^{5.5}=316000\text{ 倍}$$

而狮子吼叫时所发出的声音的强度是大声说话时所发出的声音的强度的

$$10^{(8.7-6.5)}=10^{2.2}=158\text{ 倍}$$

通常，我们认为超过8贝尔的噪声会对人的机体造成伤害。锤子击打钢板时产生的噪声高达11贝尔，所以很多工厂的噪声其实都超过了8贝尔。这些噪声通常要比我们可以忍受的标准强100倍，甚至1000倍，这种强度甚至比尼亚加拉大瀑布最喧闹的地方（9贝尔）还要强10倍或者100倍。

通过判断恒星的亮度和确定噪声的强度，我们发现了存在于感觉的数量和产生这些感觉所需的刺激的数量之间的一些关系。这些关系的存在显然并非偶然。它们都符合费赫纳尔心理

物理学的一条定律，也就是，感觉的数量与刺激的数量的对数成正比例关系。

由此，我们也可以看出，对数甚至已经进入到了心理学的领域。

## 8.9　灯泡的温度有多高

[**题**] 在灯丝所用的金属材料相同的情况下，充气灯泡发出的光要比真空灯泡发出的光亮得多。产生这种现象的原因就是在这两种灯泡中，炽热灯丝的温度是不一样的。

依照物理学定律，白炽物体放射的光线总量与在绝对温度（从 –273℃起算的温度标准）下物体温度的 12 次方成正比例关系。让我们按照这个定律来计算下面这道题：在绝对温度下，求一个灯丝温度是 2500 开（K）的充气灯泡所放射出来的光线要比另外一个灯丝温度为 2200 开（K）的真空灯泡放射出来的光线强多少倍？

[**解**] 用$x$来表示所求的比例，根据题意可以列出下面等式：

$$x=(\frac{2500}{2200})^{12}=(\frac{25}{22})^{12}$$

经过转化，得：

$$\lg x=12(\lg 25-\lg 22)$$

解得：

$$x=4.6$$

也就是说，在绝对温度下，灯丝温度为 2500 开（K）的充气灯泡放射出的光线要比灯丝温度为 2200 开（K）的真空灯泡放射出来的光线强 4.6 倍。如果这只真空灯泡发出 50 支蜡烛发出的光线，那么这只充气灯泡发出的光线就相当于 230 支蜡烛发出的光线。

[**题**] 让我们再来做另外一个计算：要把电灯的亮度提高一倍，如果用百分比表示的话，那么应该把灯丝的绝对温度提高多少？

[**解**] 根据题意可以列出如下：

$$(1+x)^{12}=2$$

经过变换，得：

$$12\lg(1+x)=\lg 2$$

解得：

$$x=6\%$$

也就是说，为了使电灯的亮度增加一倍，我们应该把灯丝的温度提高6%。

[**题**] 第三个问题：在绝对温度下，我们如果把灯丝的温度提高1%，那么它的亮度将会增加多少？

[**解**] 设它的亮度增加的量为$x$，那么

$$x=1.01^{12}$$

借助对数表，得出

$$x=1.13$$

即灯泡的亮度增加了13%。

利用相似的方法，我们还可以计算出：当绝对温度提高 2% 时，灯泡亮度会增加 27%；当绝对温度提高 3% 时，亮度

会增加43%。

看了以上这些题目我们就会明白电灯泡制造工业为什么把提高炽热灯丝的温度看得那么重要了，因为灯丝的温度提高哪怕1℃~2℃，都会对灯泡的亮度产生非常大的影响。

## 8.10　用对数求遗嘱总额

很多人都听说过国际象棋发明者索要奖赏的故事。在这个故事中，他索要的麦粒的数目是由1用2累乘之后得出的：棋盘第1格要1粒麦子，第2格要2粒麦子，就这样，后面每一格中的麦子的数量都是前一格中的2倍，直到第64格也就只最后一格为止。这个数字庞大得惊人。

实际上，不要说用2累乘，即使用的是小得多的数，数目增长得也快得出乎意料。例如对于利息为5%的一笔存款，每年它的总数都会增加到原来的1.05倍。这似乎并不是什么很快的增长速度，但是，经过足够长的时间之后，这笔钱就能达到让我们吃惊的数目。美国著名政治家本杰明·富兰克林的遗嘱就是这样一个非常有趣的例子。它的基本内容如下：

“现在，我把一千英镑赠给波士顿的居民。他们如果接受这项捐赠的话，就把这笔钱托付给一些大家都信得过的人，让他们负责将这笔钱借给一些年轻的手工业者们去生息（这时美国还没有信托机构），利率按照每年5%来计算。100年之后这笔钱的数目就会增加到131000英镑。这个时候，我希望用100000英镑在波士顿建造一座公共建筑物，然后把剩下的31000英镑作为本金，继续生息100年。到了第二个100年结束的时候，这笔钱的总数目将达到 4061000 英镑。这时候，我希望把 1061000 英镑留给波士顿居民使用，而把剩下的 3000000 英镑交给马萨诸塞州的公众来管理。这次分配完之后，这些钱再怎么处理我就不再管了。”

只留下了一千英镑的遗产，富兰克林却把处置几百万英镑的计划都列出来了。这不是痴人说梦，他的想法完全是现实的，通过计算我们就能证实出来。

我们可以计算一下，设富兰克林留下的1000英镑100年之后变成了$x$英镑，那么

$$x=1000\times 1.05^{100}$$

利用对数可以计算出：

$$\lg x=\lg 1000+100\lg 1.05\approx 5.11893$$

解得：

$$x=131000$$

与富兰克林自己计算的结果相符。然后，设 31000 英镑经过100年之后变成了 英镑，那么

$$y=31000\times 1.05^{100}$$

利用对数，求得：

$$y=4075000$$

与遗嘱中所写的数字也相差不大。这就说明富兰克林遗嘱中所表达的想法是完全可以实现的。

作为练习，你还可以做一做下面这道萨尔蒂科夫·谢德林所写的《戈洛夫廖夫老爷们》中的题目：

“坐在自己办公室里的波尔菲里·弗拉基米洛维奇埋头在

一张张纸上计算着。他被一个问题所困扰，那就是如果妈妈把自己出生时爷爷给的那100卢布以他的名义存入当铺的话，那么他现在应该有多少钱？他计算出的结果并不算多：总共800卢布。”

现在，我们假设波尔菲里算这笔账时有50岁，并且认为他的计算没有错误。那么，动手计算一下，当时当铺的利率是多少吧。

## 8.11　银行的存款是多少

我们存款的利息每年会被银行归并到本金中去。经过这样的归并，可以生息的本金的数额就增大了，这也是为什么随着归并次数的增多，钱数增加的速度也变得越来越快的原因。

现在，让我们来举一个简单的例子：假如有一笔100卢布的存款，银行的年利率为100%。如果到年终银行才会把利息并入本金，那么到年终的时候，去取这笔钱的话，就能取出200卢布。而如果每过半年，银行就会将利息并入本金，那么，半年后，100卢布就会变成

$$100\text{卢布} \times 1.5=150\text{卢布}$$

到一年结束时，这笔钱就变成了：

$$150\text{卢布} \times 1.5=225\text{卢布}$$

我们把归并的期限定为4个月，那么到年底时，100卢布的存款会变为：

$$100\text{卢布} \times (1\frac{1}{3})^3 \approx 237.03\text{卢布}$$

把归并利息的期限分别设为0.1年，0.01年，0.001年……那么一年后这笔存款分别变为：

$$100\text{ 卢布}\times 1.1^{10}\approx 259\text{卢布 }37\text{ 戈比}$$

$$100\text{ 卢布}\times 1.01^{100}\approx 270\text{卢布 }48\text{ 戈比}$$

$$100\text{ 卢布}\times 1.001^{1000}\approx 271\text{卢布 }69\text{ 戈比}$$

从上面计算出的结果我们可以看出，随着归并期限的缩短，总金额一直在增加。那么，如果我们把归并的期限无限缩短，得到的总金额是不是也会无限地增加呢？答案是否定的。

用高等数学的方法我们可以证明，随着归并期限的缩短，得到的总金额会达到一个极限，这个极限的值大约等于271卢布83戈比❶。无论把归并期限缩短到什么程度，总金额也不会超过最初本金的2.7183倍。

## 8.12 用途广泛的数“e”

前面我们说，无论把归并利息的期限缩短到什么程度，最终所得的总金额也不会超过本金的2.7183倍。而上文所得出的2.718…是一个神奇的数字，它在高等数学中所起的作用非常大，甚至不亚于那些著名的数字。它是一个代号为“e”的无理数，不能用有限位的数字准确地表示出来❷，要表示出它，只能利用下面的式子：

---

❶ 戈比中的小数，我们忽略不计。

❷ 此外，它和数一样，也是一个超越数，即不能由解任何整系数的方程得出来。

$$1+\frac{1}{1}+\frac{1}{1\times2}+\frac{1}{1\times2\times3}+\frac{1}{1\times2\times3\times4}+\frac{1}{1\times2\times3\times4\times5}+\cdots$$

这个式子表示的是它的近似值，可以精确到任意程度。

根据前面所讲的存款按复利方式增长的例子，我们很容易就能发现，数e其实是式子

$$(1+\frac{1}{n})^n$$

当$n$无限增大时的极限。

由于很多我们无法一一详述的理由，把数字e作为对数的底非常合适。这种以e为底数的对数表，也就是自然对数表已经存在，并且在科学和技术中被广泛应用。我们之前所讲的那些48位、61位、102位和260位的对数巨人就是用数字e作为底数的。

数字e经常会出现在让人意想不到的地方。例如下面这道题目：

把数字$a$分成若干部分，怎样分，各部分的乘积最大？

我们前面证明过，如果几个数的和不变，那么要使它们的乘积最大，只需要使各个数相等就可以了。据此，我们可以分析出，要想使各部分的乘积最大，数$a$应该分成相等的几份。但是，究竟应该分成几份呢？两份，三份，还是十份？

利用高等数学的方法我们可以证明，分成多少份是由数$a$的大小决定的。当所分的每份和数e最接近时，乘积能达到最大。

例如，当我们求10应该分成多少份时，就应该这样计算：

$$\frac{10}{2.718\cdots}=3.678\cdots$$

结果是 3.678 …，但是把一个数分成 3.678 …等份显然是无法做到的。因此我们应该取最为接近的 3.678 …的整数——4 作为答案。也就是说，当我们把 10 分成 4 份时，所得的各部分的乘积最大。这是，各部分都等于2.5，乘积就是

$$(2.5)^4=39.0625$$

我们可以来验证一下，当把 10 等分成 3 份或 5 份，所得的乘积分别为：

$$(\frac{10}{3})^3=37$$

$$(\frac{10}{5})^5=32$$

均小于分成4份时所得的乘积。

用同样的方法我们还可以求出，当把数 20 分成 7 等份时，各部分的乘积达到最大；把数字 50 分成 18 等份时，各部分的乘积达到最大；把100分成37等份时，各部分的乘积达到最大。因为

$$20\div 2718\cdots=7.36\approx 7$$

$$50\div 2.718\cdots=18.4$$

$$100\div 2.718\cdots=36.8$$

除了这些之外，数字 e 在数学、物理学、天文学和其他很多研究领域都发挥着非常重要的作用。当我们用数学的方法对下面所列举的这些问题进行分析时，就必须要用到数字 e：

物体冷却的规律，

气压公式（气压随高度变化而变化），

放射性衰变和地球的年龄，

欧拉公式，
空气中摆针的摆动，
用来计算火箭速度的齐奥尔科夫斯基公式，
细胞的增殖，
……

## 8.13　可以证明不等式2 > 3吗

[**题**] 在第五章里面，我们已经讲过一些数学中迷惑性非常强的滑稽剧，只是那些滑稽剧中所涉及的证明还没有用到对数。

下面，我们就用对数来“证明”一下不等式2>3。很明显，这是一个错误的结论。下面，就一起来看看我们是怎么迷惑你一步步得出这样荒谬的结论的。

首先，

$$\frac{1}{4}>\frac{1}{8}$$

这是没有问题的。接着把不等式化为如下形式：

$$(\frac{1}{2})^2>(\frac{1}{2})^3$$

这也是成立的。然后，接着将不等式变换为：

$$2\lg(\frac{1}{2})>3\lg(\frac{1}{2})$$

其正确性是毫无疑义的。

将两边同时约去$\lg\frac{1}{2}$，得出

$$2>3$$

这显然是个错误的结论。但是究竟是哪一步出了问题呢？

［**解**］其实错误就出在两边同时约去 $\lg\frac{1}{2}$ 那一步。由于 $\lg\frac{1}{2}$ 是一个以 10 为底的对数，而 $\frac{1}{2}<10$，所以 $\lg\left(\frac{1}{2}\right)$ 其实是一个负数。

不等式的两边同时约去一个负数时，不等式的符号是应该发生改变。但是在证明过程中，我们却没有改变不等式的符号，所以得出错误的结论也就很正常了。

## 8.14 极具迷惑性的代数难题

［**题**］下面我们用一道绝妙的代数难题来结束这本书。在奥德萨召开的物理学家代表大会的众多物理学家都曾经被它迷惑过。题目是这样的：

已知任意一个正整数，把它用三个2和数学符号表示出来。

［**解**］我们先来看一看在特殊情形下应该怎样解这道题。首先，假设已知的正整数为 3，那么，我们可以用下面的方法来解这道题：

$$3=-\lg_2\lg_2\sqrt{\sqrt{\sqrt{2}}}$$

通过下面这些简单的步骤我们就能证明出上面的等式是正确的：

$$\sqrt{\sqrt{\sqrt{2}}}=[(2^{\frac{1}{2}})^{\frac{1}{2}}]^{\frac{1}{2}}=2^{\frac{1}{2^3}}=2^{2^{-3}}$$

$$\lg_2 2^{2^{-3}}=2^{-3}$$

$$-\lg_2 2^{-3} = 3$$

而当已知的数为5时，我们也可以用类似的方法来解这道题：

$$5 = -\lg_2 \lg_2 \sqrt{\sqrt{\sqrt{\sqrt{\sqrt{2}}}}}$$

在平方根号上不必写出根指数，这是我们可以用这种方法来解这道题目的原因。当已知的正整数为$N$时，这道题目的答案就是：

$$N = -\lg_2 \lg_2 \sqrt{\sqrt{\cdots\sqrt{2}}}\text{（}N\text{层根号）}$$

根号的个数刚好就是已知的那个正整数。

## 【奇妙数学大战】对数的由来及其发展

耐普尔的对数、笛卡尔的坐标、牛顿和莱布尼兹的微积分曾被伟大的导师恩格斯在他的著作《自然辩证法》中称为是17世纪的三大数学发明；法国著名的数学家、天文学家拉普拉斯也曾说：能有效缩短计算时间的对数，“在实效上等于把天文学家的寿命延长了许多倍”；而对数现在也已成为初中数学课本中的不可或缺的内容，那么你知道在数学史上占据了重要位置的“对数”经历了怎样的一个时间旅程吗？

这一切要从对数的发明者——苏格兰数学家、神学家耐普尔男爵说起。在当时，由于哥白尼的“太阳中心说”的流行，天文学也成了人们竞相研究的重点学科，作为天文爱好者的耐普尔也不例外。但在研究天文学过程中，人们发现了一个阻碍性的问题：即如何利用现有的数学知识去计算大量繁杂的“天文数字”。由于当时的数学还处于常量数学阶段，人们不得不投入大量的人力物力去解决这个问题，但碍于条件的限制，有人终极一生也没有找到更好的解决方法。

看到当时这样的情况，和人们遇到同样问题的耐普尔决定凭借着自己多年来积累的数学计算技术，找出一种能有效缩短计算时间的方法，即他后来多次研究后发明的对数。由于当时还未形成“指数”这个概念，所以耐普尔是通过研究直线运动得出对数概念的，而不是通过指数来引出对数，也因此现代数学中的对数理论和耐普尔发明的对数并不完全一致。但这也并未影响到耐普尔在数学研究所占据的地位。

那么，在那个计算多位数之间的乘积还是比较复杂的运算的时代，耐普尔又是如何发明出了对数呢？原来，耐普尔并没有受到当时计算水平的限制，而是利用自己的灵活思维，先发明了一种特殊的计算方法，即计算多位数之间的乘积，在这里有个条件，即这些多位数是具有一定的特殊性的，比如下面的两行数字：

0、1、2、3、4、5、6、7、8、9、10、11、12、13、14…

1、2、4、8、16、32、64、128、256、512、1024、2048、4096、8192、16384…

通过观察，我们会发现这两行数字之间存在这样的关系：数字的第一行可以用 2 的对数来表示，数字的第二行则可以用 2 的对应幂来表示。这时，要想从第二行数字中选出两个数来计算它们的乘积，我们可以借助它们与第一行的对应数字的加和来完成这个计算。举个例子，我们想计算 $64\times256$，首先应该查询这两个数与第一行对应的数字，即它们分别对应的数字是 6 和 8；接下来我们再把这两个数字加起来，即 $6+8=14$；

再从第二行数字中找出 14 对应的数字是 16384，因此，答案就出来了 $64 \times 256 = 16384$。

可以发现，这种计算方法明显缩短了我们的计算时间，而这正是耐普尔对数学所做出的贡献。并且，他的这种计算思路，已经和我们现在所学的“运用对数简化计算”具有异曲同工之妙，即借助《常用对数表》的帮助，得出两个复杂数的乘积的方法。具体的做法是，先从《常用对数表》中找出这两个复杂数的常用对数，再相加；然后找出这个相加后得出的数在《常用对数的反对数表》中所对应的反对数值，而这也正是刚才那两个复杂数的乘积。这种为缩短计算时间，简化过程，而“化乘除为加减”的方法，正是对算运算中的显著特征。

1614 年，耐普尔男爵首次在他的《奇妙的对数定律说明书》中公开提出对数这一计算方法，并向世人详细介绍了它的特点。由此，越来越多的人知道“对数的缔造者”就是在数学史上做出了重要贡献的耐普尔。从那以后，对数也在人们的生活和学习中发挥着越来越重要的作用。